普通高等教育"十一五"国家级规划教材

U0657148

土木工程制图习题集

（第 4 版）

主　编　庞　璐　黄　英　尚海静　余丹丹

副主编　金　蕾　李炽岚　李　丽　赵盈颖　王海韵

　　　　赵　磊　李汉平　艾小玲　童金田

主　审　丁宇明

精进专业技术　绘制未来蓝图

配套视频教程
图片3D视频
直观查看操作细节

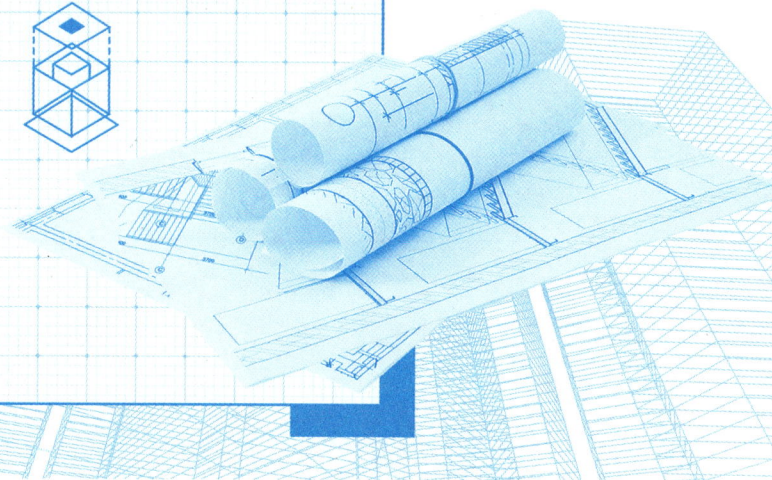

高效学习秘籍
行业深度图文
助你打牢知识基础

在线精品好课
权威专业课程
快速提升绘图能力

优秀案例鉴赏
获奖作品合集
学习借鉴制图经验

『码』上开始

武汉理工大学出版社

内 容 提 要

　　本套教材是根据教育部《中国教育现代化2035》和《"十四五"时期教育强国推进工程实施方案》等文件精神,以《高等学校土木工程制图教学基本要求》及高等学校《工程制图》课程教学大纲为主要依据,根据高等学校对大土木类培养人才的规格要求编写而成。本习题集共有14章,内容包括:制图的基本知识;投影制图;视图、剖视图和断面图;标高投影;水利工程图;建筑工程图,透视图;道路工程图;计算机绘图及土木工程制图CAD综合实训。本习题集还配套出版《土木工程制图》教材及及数字化辅助教学资源。数字化辅助教学资源利用动态的三维动画形式在线指导学生对核心内容的掌握及辅导学生完成作业和解答疑难问题。该数字化资源可帮助学生掌握课程的精粹,既有利于学生自学或课外辅导,又可用于教师数字化教学。

　　本书为高等院校土木建筑类和水利类等专业的工程制图教材,也可以供其他工程技术人员阅读参考。

图书在版编目(CIP)数据

土木工程制图习题集 / 庞璐等主编. —4版. —武汉:武汉理工大学出版社,2024.6
ISBN 978-7-5629-7047-7

Ⅰ.①土… Ⅱ.①庞… Ⅲ.①土木工程–建筑制图–高等学校–习题集 Ⅳ.①TU204–44

中国国家版本馆CIP数据核字(2024)第093525号

项目负责人:陈　硕　陈军东
责 任 编 辑:陈　硕
责 任 校 对:柳亚男
排 版 设 计:芳华时代
出 版 发 行:武汉理工大学出版社
社　　　址:武汉市洪山区珞狮路122号
邮　　　编:430070
网　　　址:http://www.wutp.com.cn
经　　　销:各地新华书店
印　　　刷:崇阳文昌印务股份有限公司
开　　　本:787mm×1092mm　1/8
印　　　张:18.25
字　　　数:240千字
版　　　次:2024年6月第4版
印　　　次:2024年6月第1次印刷
定　　　价:49.00元

第4版前言

本习题集是与同名教材及网络在线开放课程配套使用,形成完整的"立体化云共享"课程。

本套教材深入贯彻落实党的二十大精神,以中国式现代化教育思路培养现代工程师、大国工匠为重任,坚持教育为社会主义现代化建设服务,为人民服务,把立德树人作为教育的

根本任务,培养德智体美劳全面发展的社会主义建设者和接班人。

本教材融入教育部《中国教育现代化2035》和《"十四五"时期教育强国推进工程实施方案》等文件精神,以"普通高等院校工程图学课程教学基本要求"及高等学校工程制图课程教学大纲为主要依据,根据高等学校对本科土木类培养人才的规格要求编写而成。本教材采用了最新的国家标准和行业标准,融入"课程思政"理念,落实党的二十大精神进教材、进课堂、进头脑。按照课程模块化章节、工作任务式动画、课后项目式训练为主线组织内容,旨在为土木类专业学生打好专业基础。与此同时还将课程竞赛相关要求加入模块章节。

本教材以进一步深化产教融合、促进高等本科教育内涵发展为理念,进一步体现了以形体为主线,以图示法为重点的原则。"立体—基本几何体组合体—工程形体"是教材的主线,让学生先从感性上学会形体分析的画图和读图方法。然后再通过学习点、线、面的投影规律,掌握正投影的基本理论,让学生从理性上进一步掌握形体分析的方法,学会线面分析的画图和读图方法。

与教材(套)配套的"土木工程制图"网络在线开放课程,是利用计算机在线指导学生对核心内容的掌握及辅导学生完成作业和解答疑难问题。在线开放课程中以图片、图像、文字和二维、三维模型等多媒体技术,模拟习题整个解答过程和专业图的读图过程。

在编写过程中,我们广泛征求意见。根据修订大纲,一方面深入行业工作实践,与工程设计、施工、管理等相关单位的工程技术人员相互探求,并进行了一系列的行业人员对制图理论需求的调查。另一方面,虚心向专家请教,吸取专业知识精华,明确专业理论本科层次定位。教材以必须、够用为度,力求做到内容精炼,概念清楚,注重实用性,反映高等院校本科土木类专业特色和本科教育特色。通过互联网教学资源链接制图教材的主线,强化"识图为主"的理念,理清绘图与识图为互逆关系,强化了空间立体思维的训练。

本套教材由庞璐教授、黄英教授、尚海静副教授和余丹丹副教授任主编。书中前言、绪论、第2章、第6章、第9章由庞璐编写;第1章由赵盈颖、艾小玲编写、第3章由王海韵、李汉平编写。第4章由金蕾、艾小玲编写。第5章、第7章由李炽岚、李丽编写。第8章由黄英、李汉平编写。第10章由尚海静、童金田编写。第11章由尚海静编写。第12章由余丹丹编写。第13章由黄英编写。

本套教材由中国工程图学会理论图学专业委员会主任、武汉大学工程及计算机图学中心丁宇明教授主审。他对本教材提出了若干建设性的修改意见,在此表示衷心的感谢。

参加本套教材审阅的还有:中国工程图学会图学教育分会顾问、北京理工大学董国耀教授(博导),中国工程图学会副理事长、《工程图学学报》主编、清华大学童秉枢教授(博导),工程图学学会图学教育会会顾问、同济大学钱可强教授(博导),中国工程图学会图学教育分会主任、北京理工大学焦永和教授(博导),华中科技大学陈和平教授(博导),武汉大学密新武教授(博导),武汉理工大学胡业发教授(博导),湖北工业大学赵大兴教授(博导)等。感谢他们为本教材提出的宝贵意见和建议。

编写一套具有高等教育本科特色和专业基础特色的《土木工程制图》教材,是我们孜孜以求的目标。在前4版推广使用中,网络在线开放课程线上线下同步教学取得

了良好的教学效果。为紧跟时代步伐，顺应实践发展，坚持守正创新，素材库动画采用二维码分类扫描，为学生手机读图提供了便利。该网络在线开放课程可以随时随地开展相应模块学习，体现了终身教育的理念，构建了完善的"立体化云共享"创新课程体系。该成果在教育部高等学校工程图学学术年会上推广，获得了同行的一致好评。为推进教育数字化，建设全民终身学习的学习型社会，学习型大国作贡献。但限于编写时间和编写水平，书中难免存在不当或错误之处，恳请读者批评指正。

与习题集配套出版的教材为高等本科院校、网络在线开放大学等学校的土木类专业的适用教材，也可供工程技术人员及相近专业人员学习及参考。与教材配套的"土木工程制图"在线开放课程也由武汉理工大学出版社作为新形态教材同步上线。该在线开放课程既可用于学生线上线下自学或课外辅导，又可用于教师多媒体线上线下教学及考核。

本套教材参考了部分同学科的教材等文献，在此谨向文献的作者致谢。另外，柳军、赵盈颖和王海韵根据新形态教材的要求，用计算机软件对大量的教学动画进行了数字化加工，在此一并表示感谢。

今天我们将第4版习题集呈献给大家，但限于编写时间和编写水平，书中难免存在不当或错误之处，恳请读者批评指正。

编　者
2024年5月，青龙山

第3版前言

本套教材是根据教育部《关于加强高等学校教育人才培训工作意见》和《面向21世纪教育振兴计划》等文件精神，以《高等学校土木工程制图教学基本要求》及高等学校工程制图课程教学大纲为主要依据，根据高等学校对培养人才的规格要求编写而成。

本习题集采用了最新的国家标准和行业标准。进一步体现以形体为主线，以图示法为重点的原则。"立体—基本几何体—组合体—工程形体"是教材的主线，让学生先从感性上学会形体分析的画图和读图方法。计算机绘图的习题没有单独编制，可参照教材中的典型举例及相关章节习题内容进行抄绘。

与习题集配套的《土木工程制图》MCAI多媒体教学辅导系统，是利用计算机指导学生对核心内容的掌握及辅导学生完成作业和解答疑难问题。MCAI课件中以图片、图像、文字、二维、三维模型等多媒体技术，模拟习题整个解答过程和专业图的读图过程。在编写过程，力求做到内容精练，概念清楚，注意实用性，反映高等院校专业特色。

本习题集由庞璐、卢玉玲和李汉平任主编。习题集中第二章、第八章、第九章由庞璐编写；第一章、第十章由卢玉玲编写；第三章由李汉平、卢玉玲编写；第四章由苏小勇编写；第五章由晏孝才、李炽岚编写；第六章由庞璐、李汉平编写；第七章由李丽、艾小玲编写；第十一章由李汉平、苏小勇编写；第十二章由余丹丹编写。

本习题集由中国工程图学会图学理论专业委员会主任、武汉大学工程及计算机图学中心丁宇明教授任主审，他对本习题集提出了若干建设性的修改意见，在此表示衷心的感谢。参加本教材审阅的有：中国工程图学会图学教育分会顾问、北京理工大学董国耀教授、中国工程图学会副理事长、《工程图学学报》主编、清华大学童秉枢教授(博导)、中国工程图学会图学教育分会顾问、同济大学钱可强教授；中国工程图学会图学教育分会主任、北京理工大学焦永和教授。华中科技大学许永年教授、陈和平教授。武汉理工大学胡业发教授、湖北工业大学赵大举教授、湖北水利水电职业技术学院刘志光副教授、黄杰副教授，感谢他们为本教材提出宝贵意见和建议。此外，还有武汉交通职业学院周少华副教授、武汉电力职业技术学院魏敦志副教授、武汉职业技术学院项仁昌副教授、湖北工程图学会龚启良副教授、董宏俊副教授等多次参与本教材的讨论并提出若干修改意见和建议，在此一并致谢。

本习题集为高等院校、广播电视大学等学校土建类专业的适用教材，也可供工程技术人员及相近专业人员学习及参考。与习题集配套的《土木工程制图》教材及《土木工程制图》MCAI多媒体教学辅导系统光盘也由武汉理工大学出版社同时出版。

在本习题集的编写过程中，参考了部分同学科的习题集，在此谨向文献的作者致谢。刘巍老师用计算机绘制了大量的习题，在此表示感谢。

编写一套具有高等院校专业特色的土木工程类制图教材，是我们孜孜以求的目标，在同名网络课程与配套教材的应用过程中，取得了良好的教学效果，并获得同行的好评，今天我们将第三版教材呈现给大家。但限于编写时间和编写水平，书中难免存在不当或错误之处，恳请读者批评指正。

编　者
2009年7月·珞珈山

第 2 版前言

本套教材是根据教育部《关于加强高等学校教育人才培训工作意见》和《面向21世纪教育振兴计划》等文件精神,以《高等学校土木工程制图教学基本要求》及高等学校《工程制图》课程教学大纲为主要依据,根据高等学校对培养人才的规格要求编写而成。

本习题集采用了最新的国家标准和行业标准。进一步体现以形体为主线,以图示法为重点的原则。"立体—基本几何体—组合体—工程形体"是教材的主线,让学生先从感性上学会形体分析的画图和读图方法。然后再通过学习点、线、面的投影规律,掌握正投影的基本理论,让学生从理性上进一步掌握形体分析的方法,学会线面分析的画图和读图方法。计算机绘图的习题没有单独编制,可参照教材中的典型举例及相关章节习题内容进行抄绘。

与习题集配套的《土木工程制图》MCAI多媒体教学辅导系统,是利用计算机指导学生对核心内容的掌握及辅导学生完成作业和解答疑难问题。MCAI课件中以图片、图像、文字、二维、三维模型等多媒体技术,模拟习题整个解答过程和专业图的读图过程。在编写过程中以必须、够用为度,力求做到内容精练,概念清楚,注意实用性,反映高等院校专业特色。

本习题集由庞璐、卢玉玲和李汉平任主编。习题集中第二章、第八章、第九章由庞璐编写;第一章、第十章由卢玉玲编写;第三章由李汉平、卢玉玲编写;第四章由苏小勇编写;第五章由晏孝才、李炽岚编写;第六章由庞璐、李汉平编写;第七章由李丽、艾小玲编写;第十一章由李汉平、苏小勇编写。

本习题集由中国工程图学会图学理论专业委员会主任、武汉大学工程及计算机图学中心丁宇明教授任主审,他对本习题集提出了若干建设性的修改意见,在此表示衷心的感谢。参加本教材审阅的有:中国工程图学会图学教育分会顾问、北京理工大学董国耀教授、中国工程图学会副理事长、《工程图学学报》主编、清华大学童秉枢教授(博导)、中国工程图学会图学教育分会顾问、同济大学钱可强教授;中国工程图学会图学教育分会主任、北京理工大学焦永和教授。华中科技大学许永年教授、陈和平教授。武汉理工大学胡业发教授、湖北工业大学赵大举教授、湖北水利水电职业技术学院刘志光副教授、黄杰副教授,感谢他们为本教材提出宝贵意见和建议。此外,还有武汉交通职业学院周少华副教授、武汉电力职业技术学院魏敦志副教授、武汉职业技术学院项仁昌副教授、湖北工程图学会龚启良副教授、董宏俊副教授等多次参与本教材的讨论并提出若干修改意见和建议,在此一并致谢。

本习题集为高等院校、广播电视大学等学校土建类专业的适用教材,也可供工程技术人员及相近专业人员学习及参考。与习题集配套的《土木工程制图》教材及《土木工程制图》MCAI多媒体教学辅导系统光盘也由武汉理工大学出版社同时出版。

在进行本习题集的编写过程中,参考了部分同学科的习题集,在此谨向文献的作者致谢。刘巍老师用计算机绘制了大量的习题,在此表示感谢。

编写一套具有高等院校专业特色的土木工程类制图教材,是我们孜孜以求的目标,在同名网络课程与配套教材的应用过程中,取得了良好的教学效果,并获得同行的好评,今天我们将第二版教材呈现给大家。但限于编写时间和编写水平,书中难免存在不当或错误之处,恳请读者批评指正。

编 者

2005 年 7 月·珞珈山

目　录

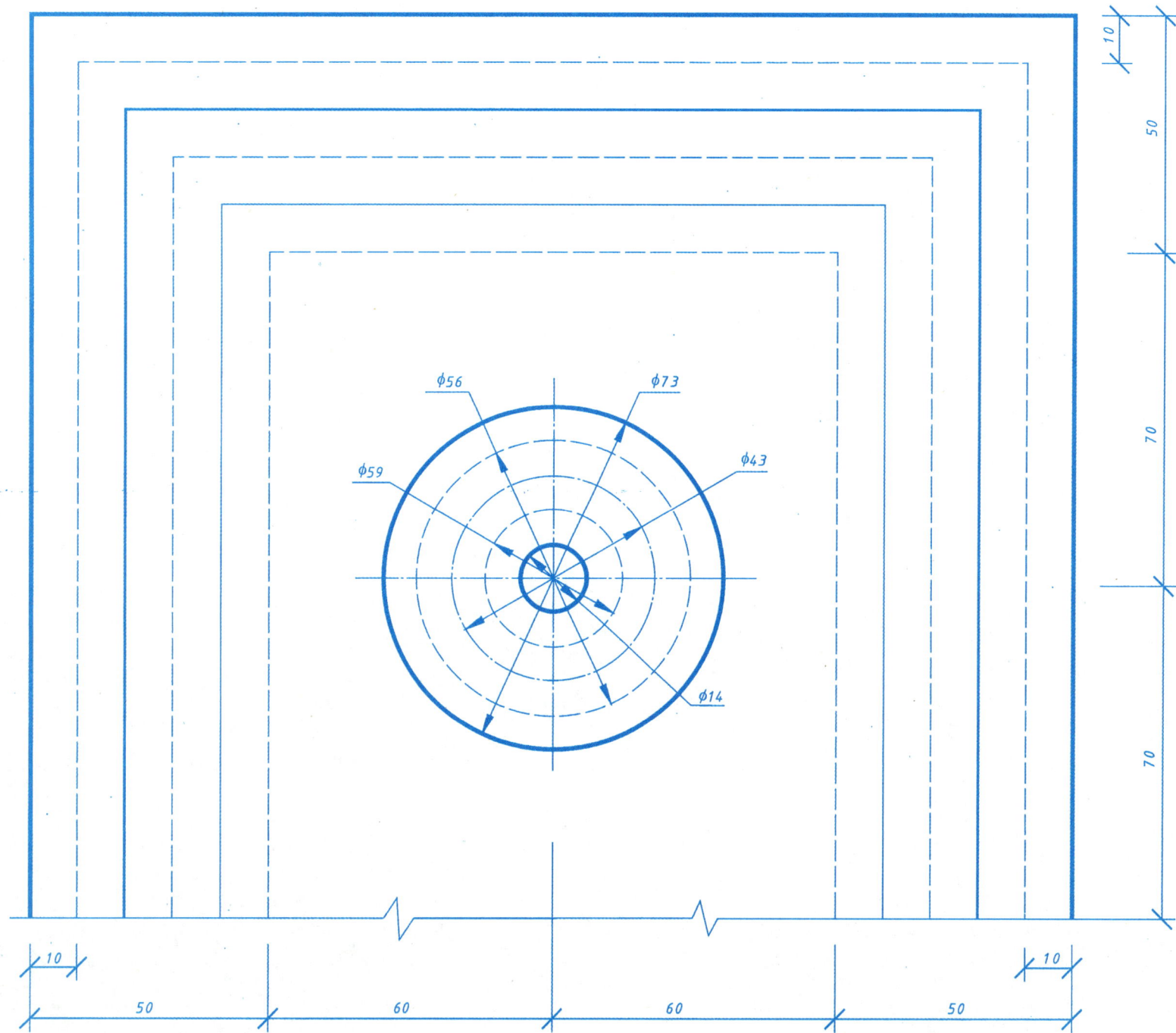

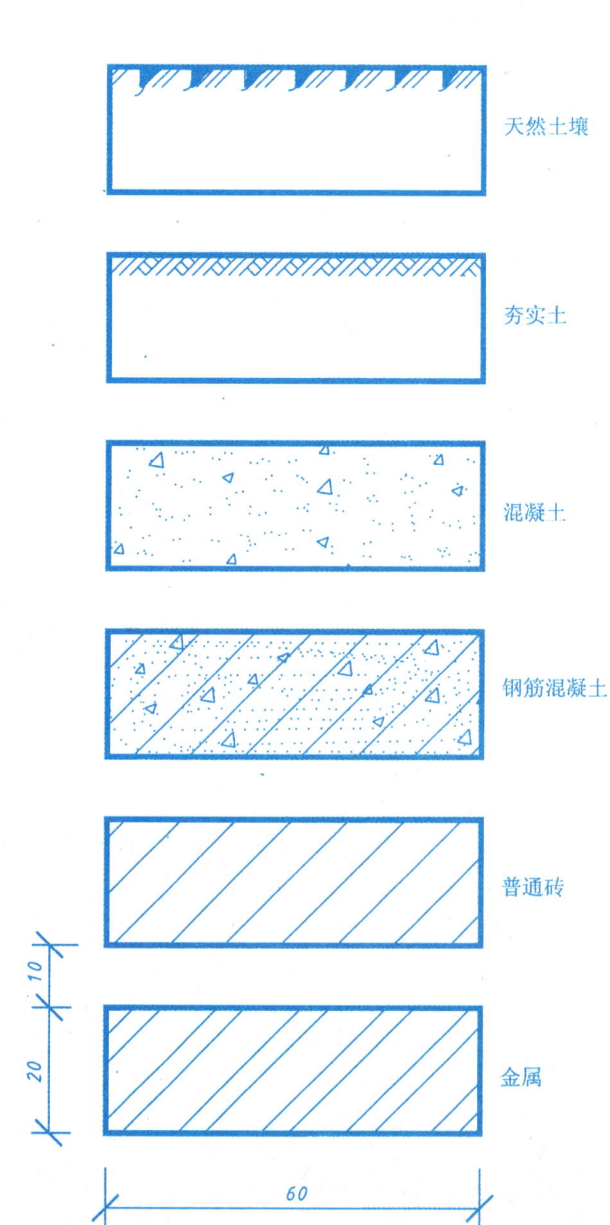

天然土壤

夯实土

混凝土

钢筋混凝土

普通砖

金属

1. 标注直径和半径尺寸(按1:1的比例在图中量取,取整数)。

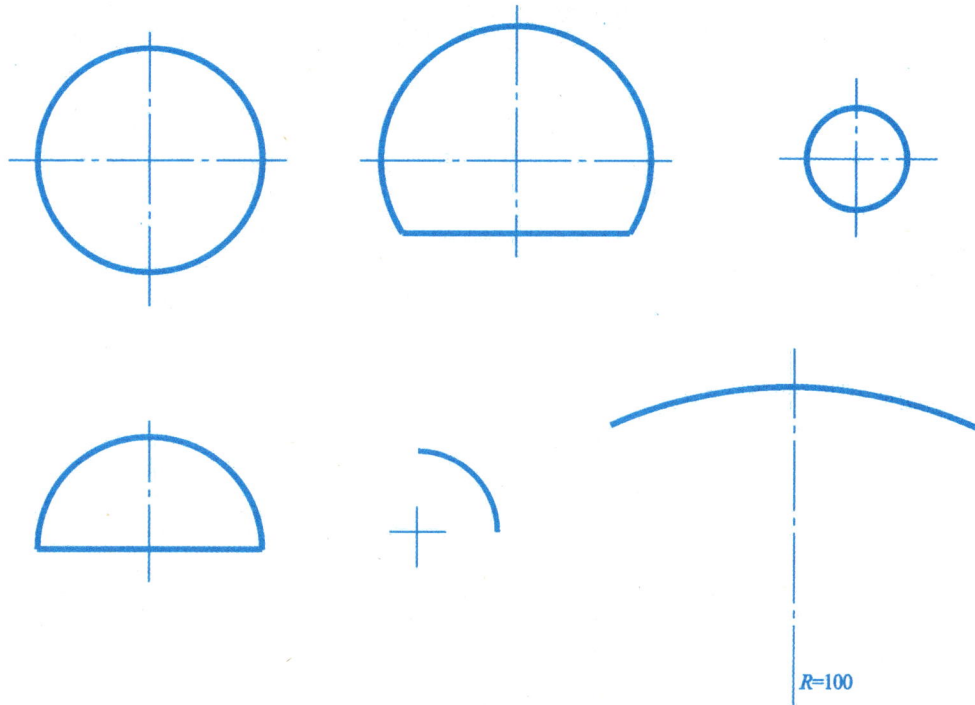

R=100

2. 标注角度和线性尺寸(按1:1的比例在图中量取,取整数)。

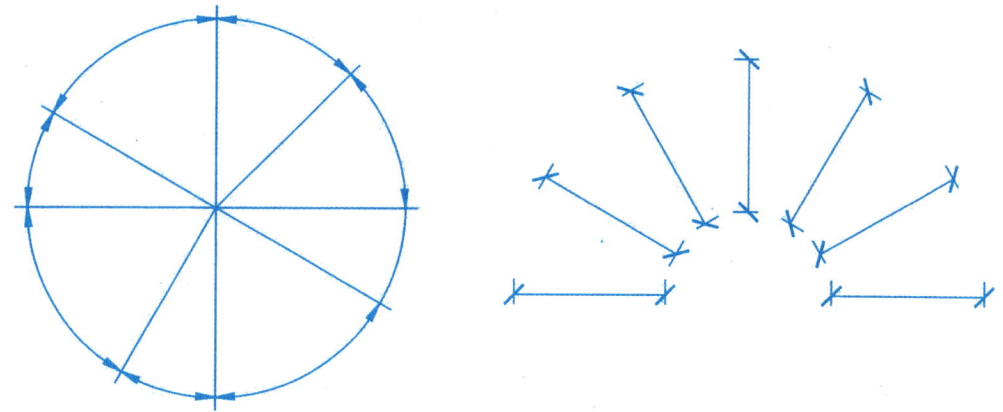

3. 分析左图中尺寸标注的错误,在右图中正确标注。

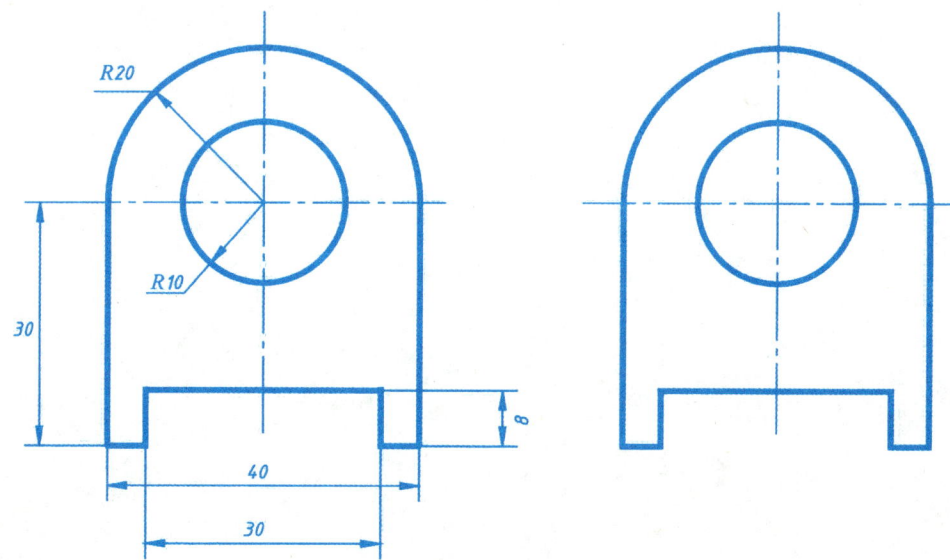

R20

R10

30

8

40

30

4. 下图的比例为1:2,在给出的尺雨标注位置上标注尺寸数字(取整数)。

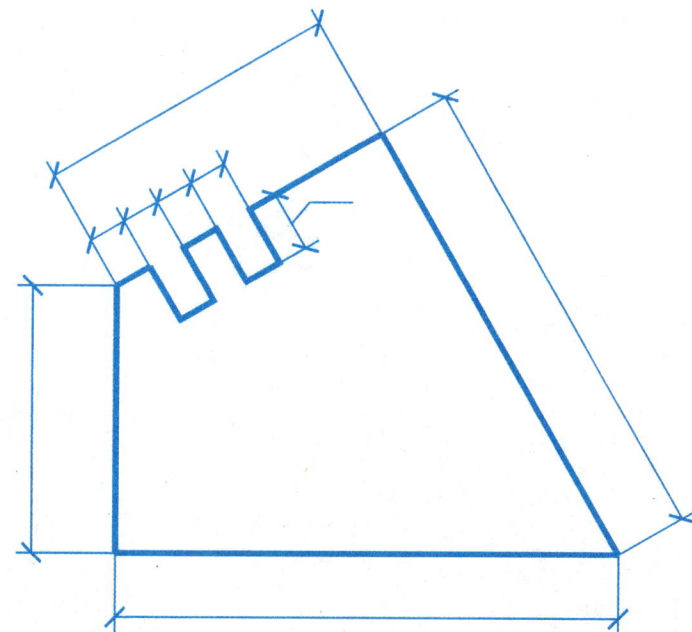

一二三四五六七八九十上中下左右

工业民用建筑厂房屋平立剖面详图

标号基础结构材料水泥砂浆砌石钢筋混凝土

大小比例长宽厚度单位形状设计说明班级姓名学号审核

班级	姓名	学号	页次	4

1.七等分线段AB。

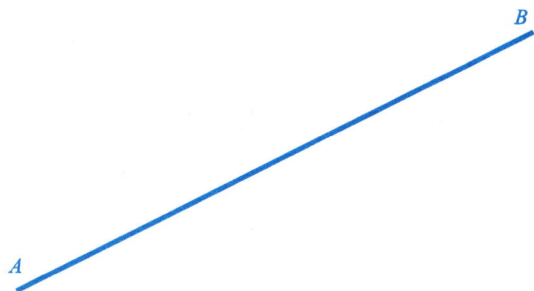

2.在直径为100mm的圆内作内接正五边形。

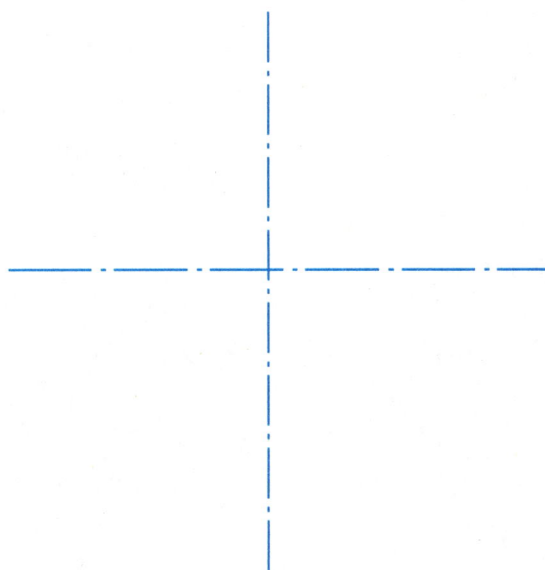

3.已知直线段(始点为A)和最后段圆弧(圆心为O、终点为B),用圆心在水平点画线上的R50的中间圆弧内切;用R20的连接圆弧与中间圆弧外切并与直线段相切,完成图形(保留所作的圆心和切点)。

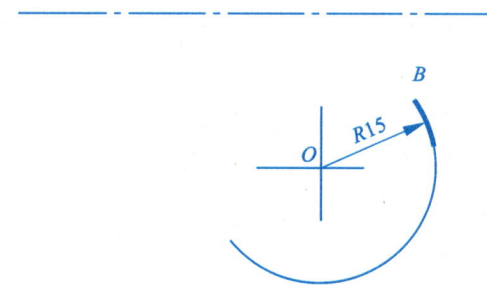

花墙 1:5

涵洞 1:50

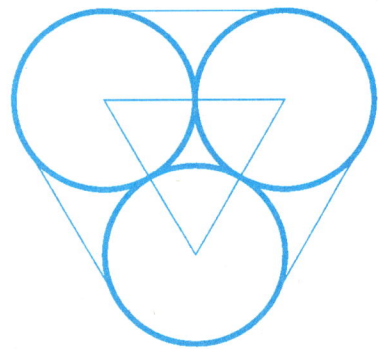

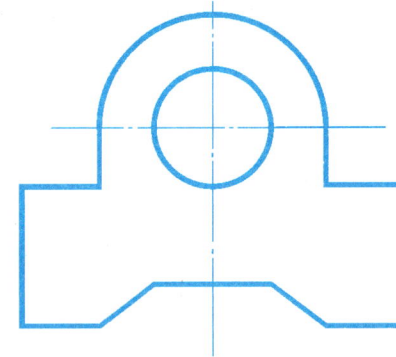

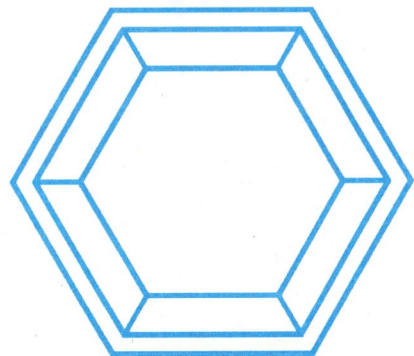

1.

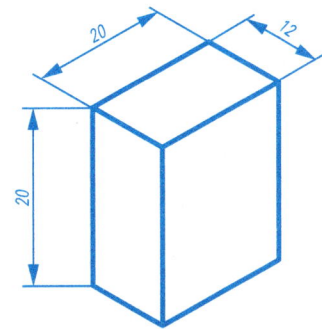

2.

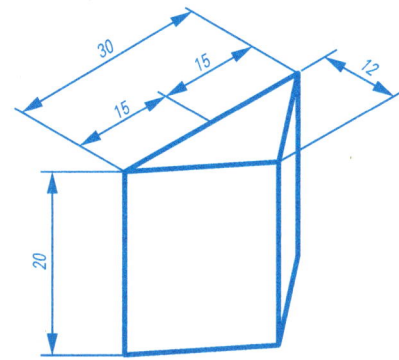

3.

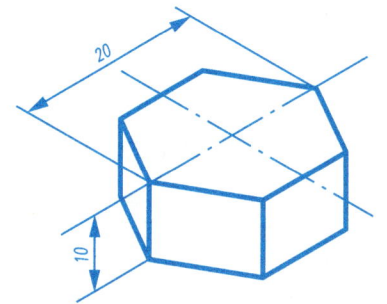

4.

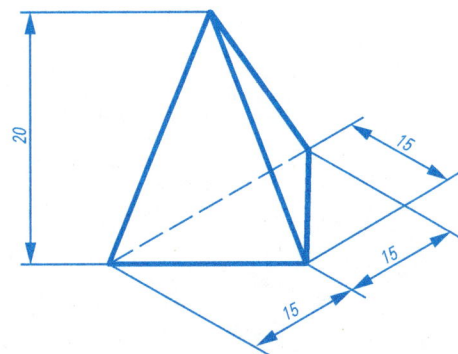

5.

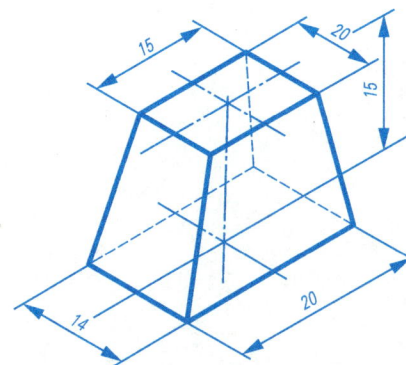

6.

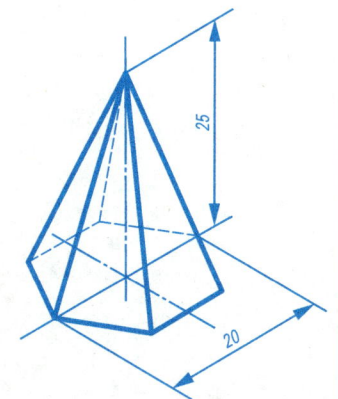

7.

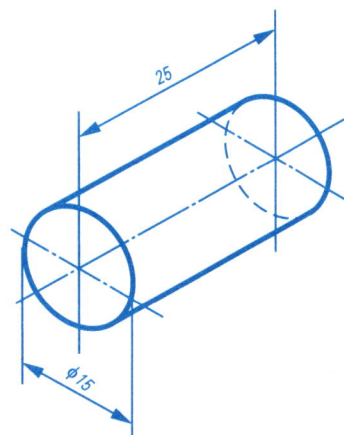

8.

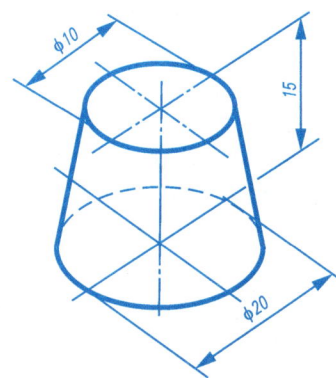

9.

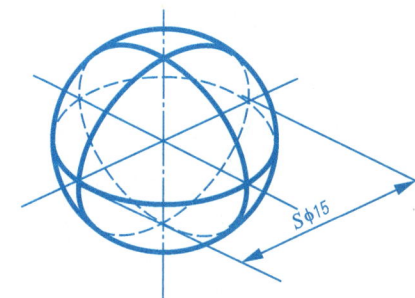

10.

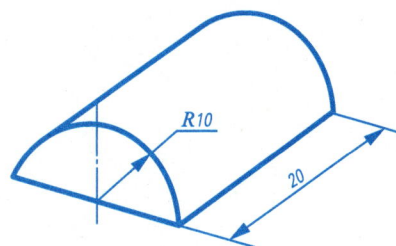

11.

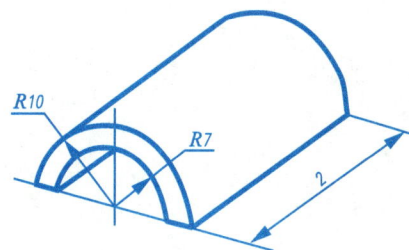

12.

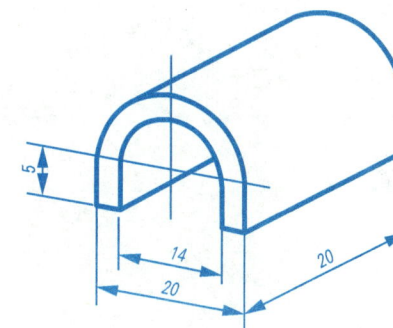

1.

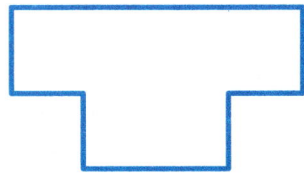

2.

3.

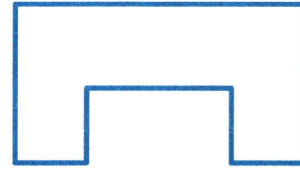

4.

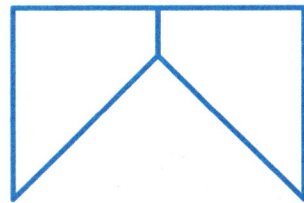

5.

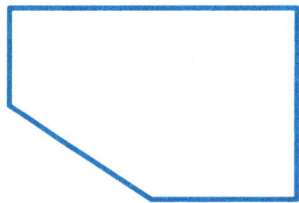

6.

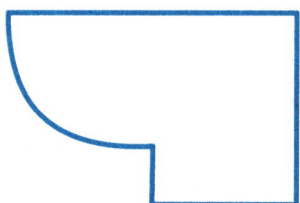

7.
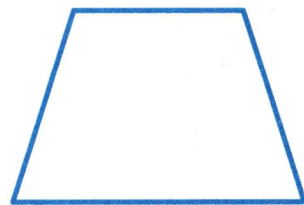
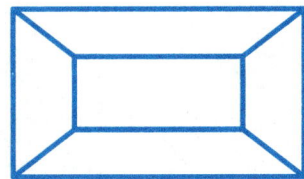

8.
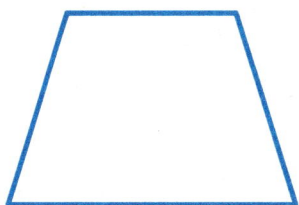
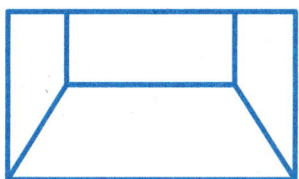

9.
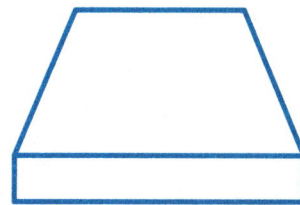
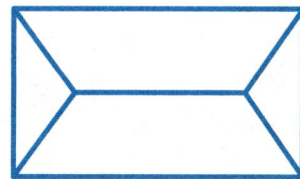

10.

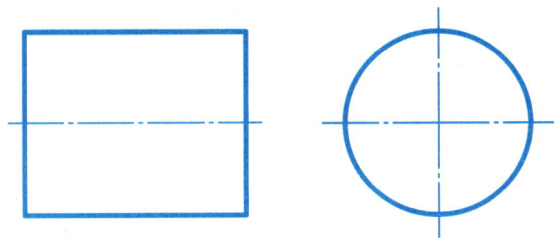

11.

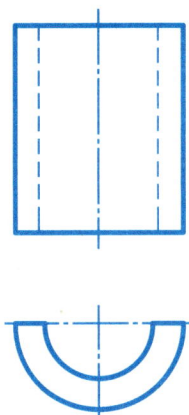

12.

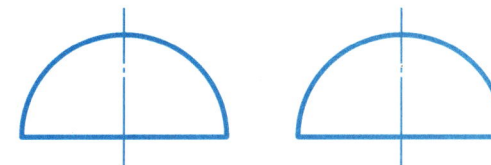

13.

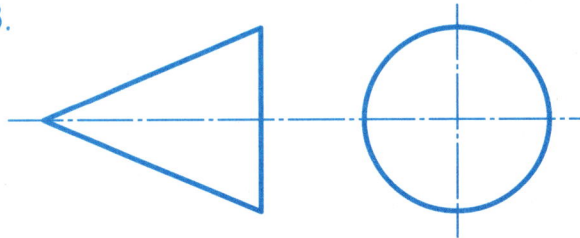

14.

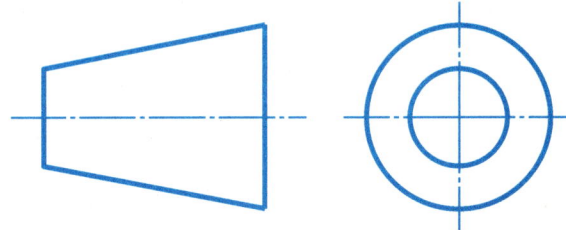

15.

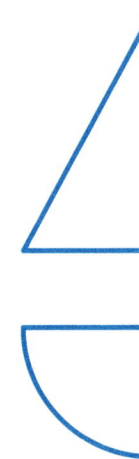

16.

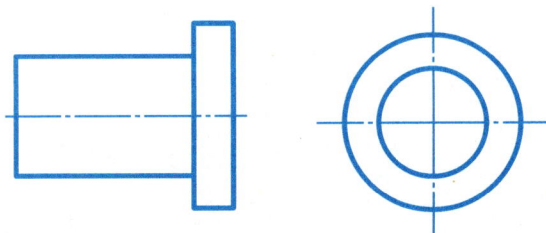

17.

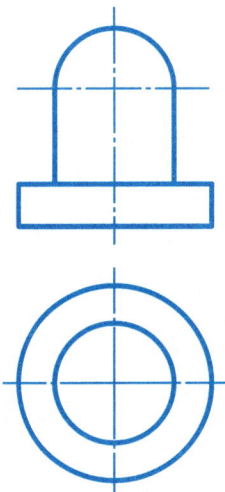

18.

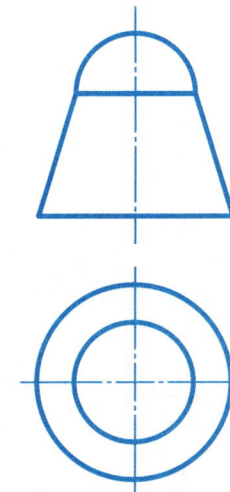

1.

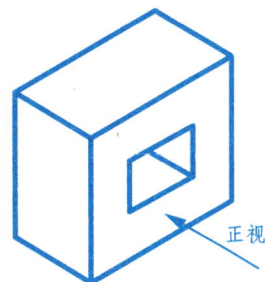

正视

2.

正视

3.

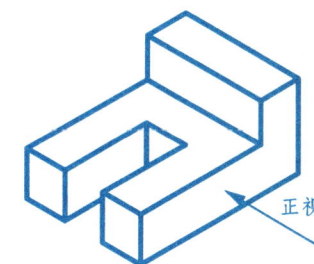

正视

4.

正视

5.

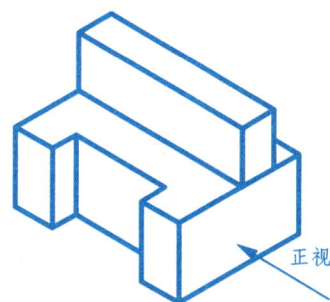

正视

6.

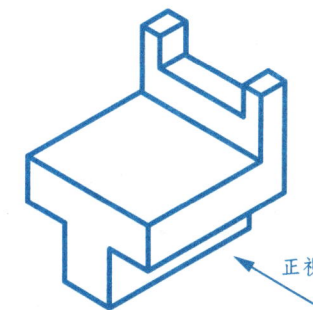

正视

7.

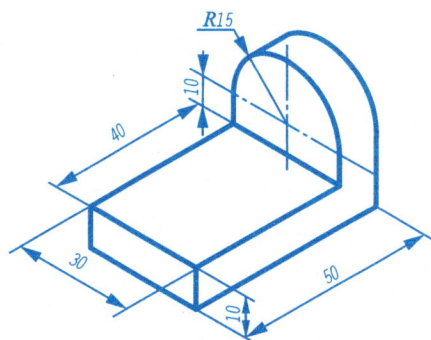

8.

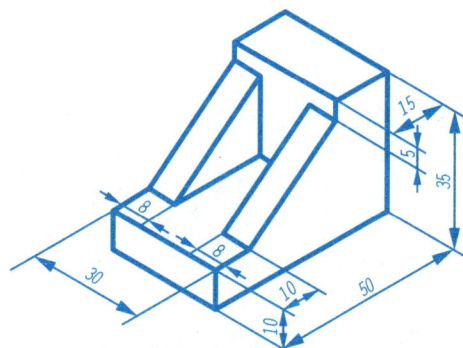

9.

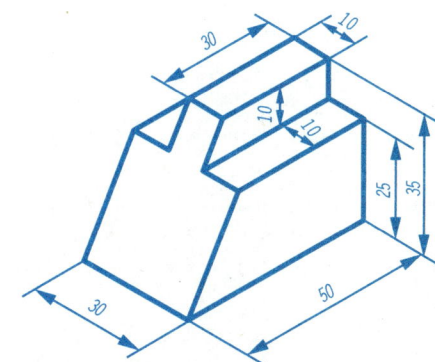

1.
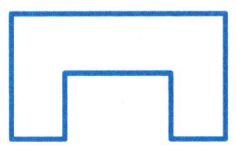
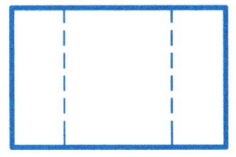
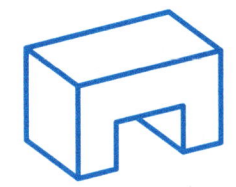

2.
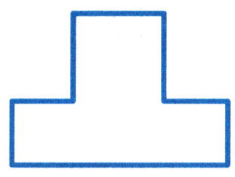
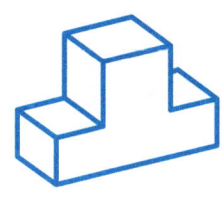

3.
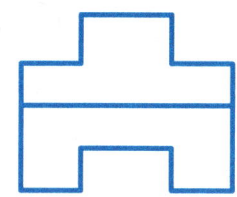
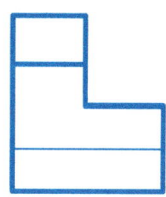
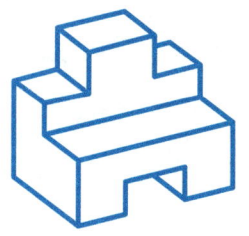

4.

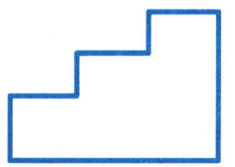

5.
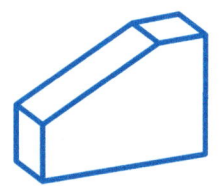
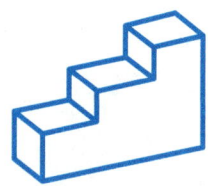

6.
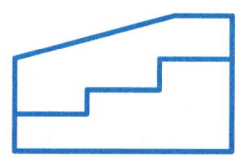
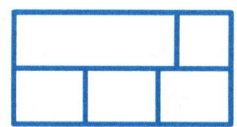
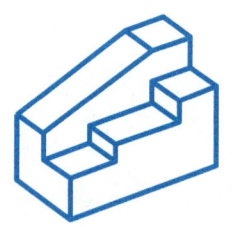

7.

8.
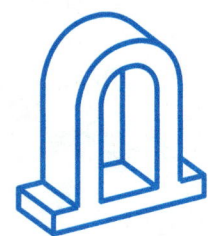
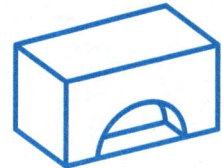

9.

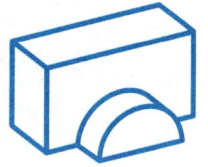

1.按照立体图作出两点A、B的三面投影面(坐标值从图中量取)

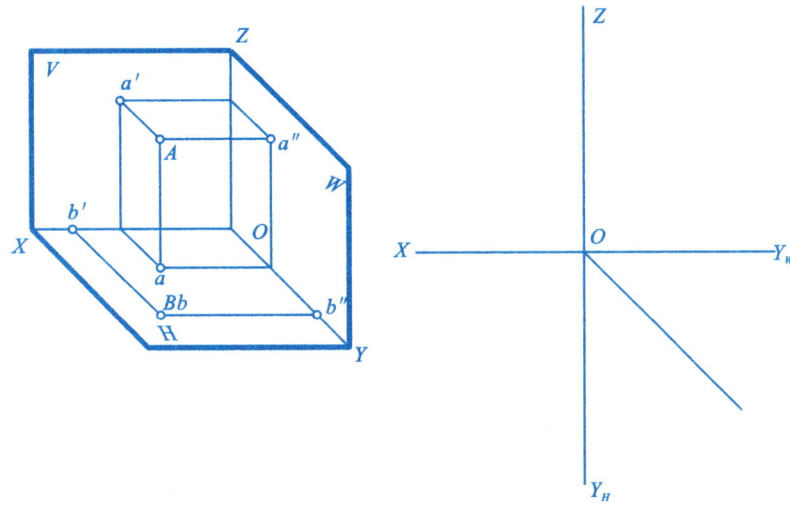

2.已知两点A(20, 15, 7)、B(15, 18, 30),画出其三面投影及立体图。

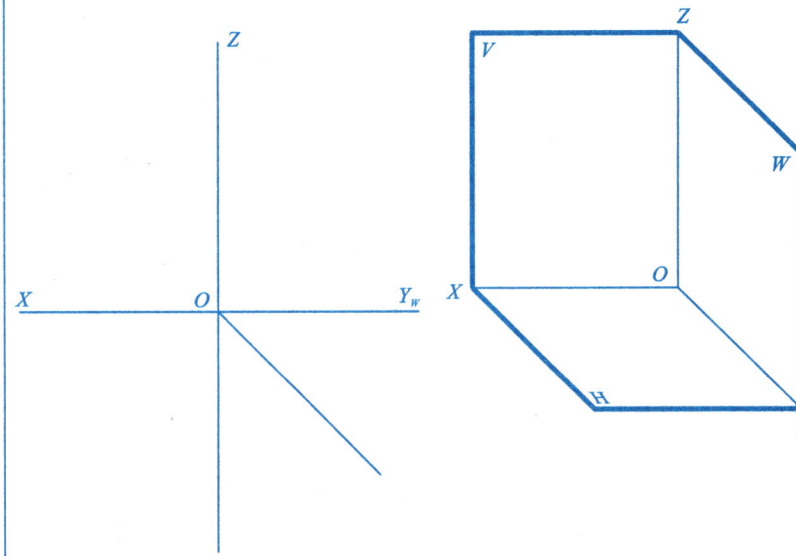

3.已知各点的两面投影,作出第三面投影。

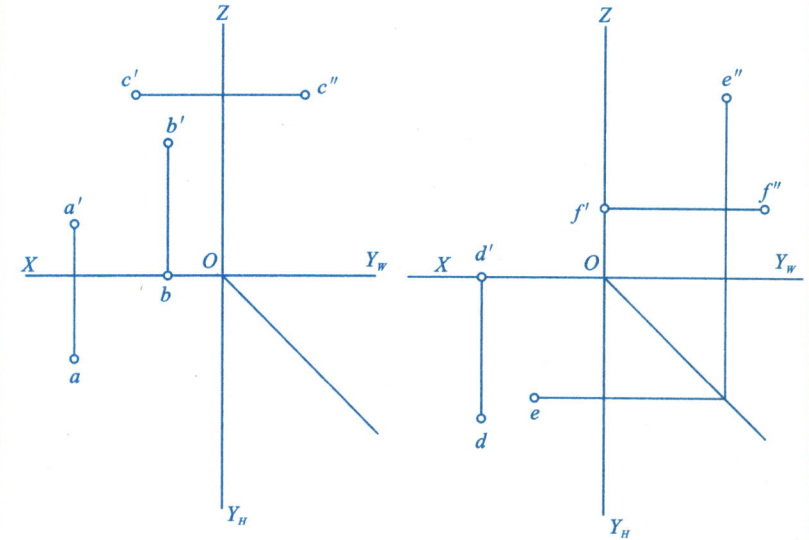

4.求各点的第三面投影,并比较其相对位置。

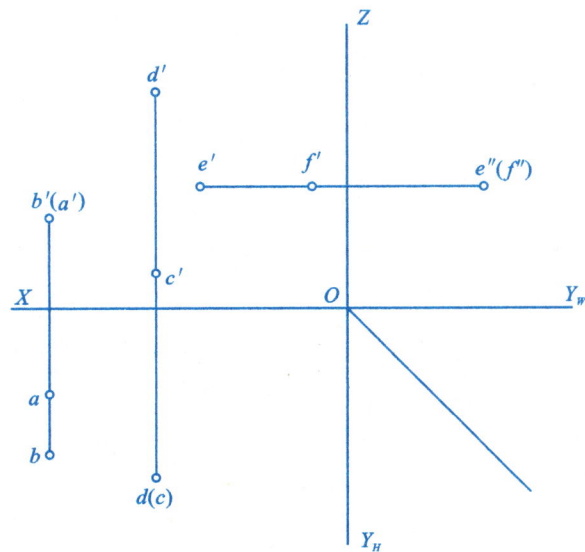

点A在点B正___方___mm

点C在点D正___方___mm

点E在点F正___方___mm

5.根据点的相对位置作出两点B、C的投影,并判别重影点的可见性。

(1)点B在点A之左20mm、之前10mm、之下15mm。

(2)点C在点A的正右方12mm。

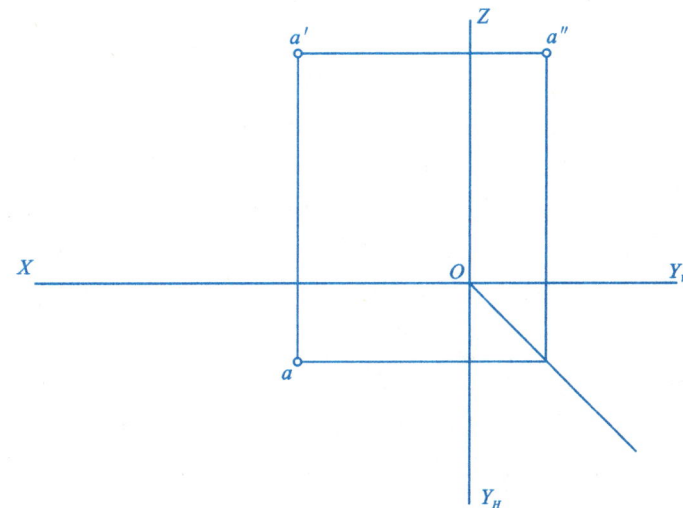

6.在物体的三视图中,标出点A、B、C、D、E的投影。

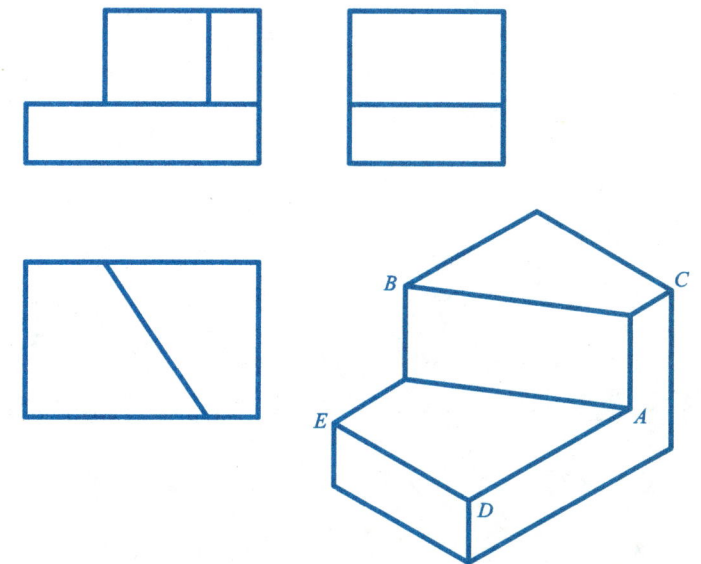

| 班级 | 姓名 | 学号 | 页次 | 15 |

1.判断下列直线对投影面的相对位置。

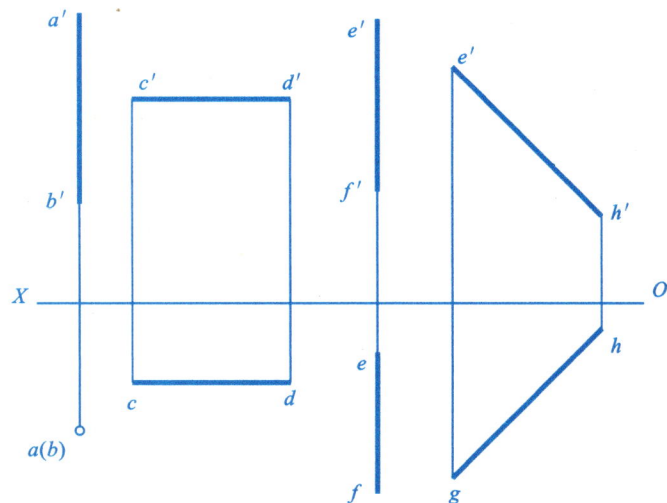

AB是_____线　EF是_____线
CD是_____线　GH是_____线

2.已知点K在直线AB上,且AK∶KB=2∶3,试求K点的投影。

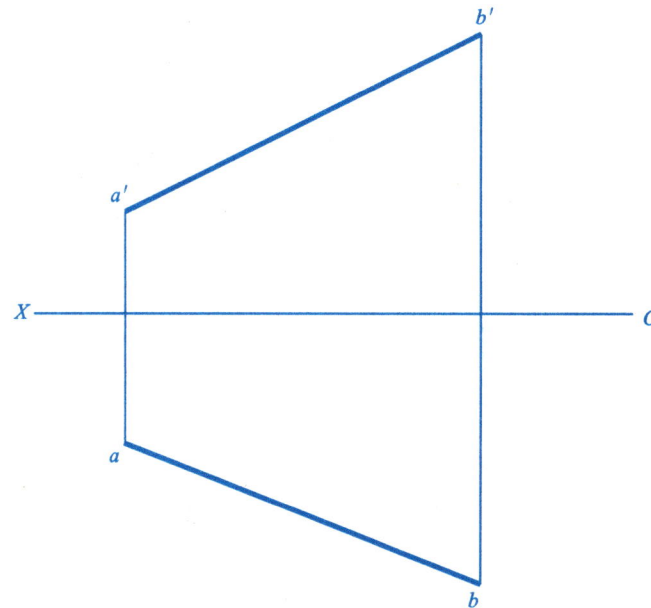

3.判断C点是否在AB直线上。

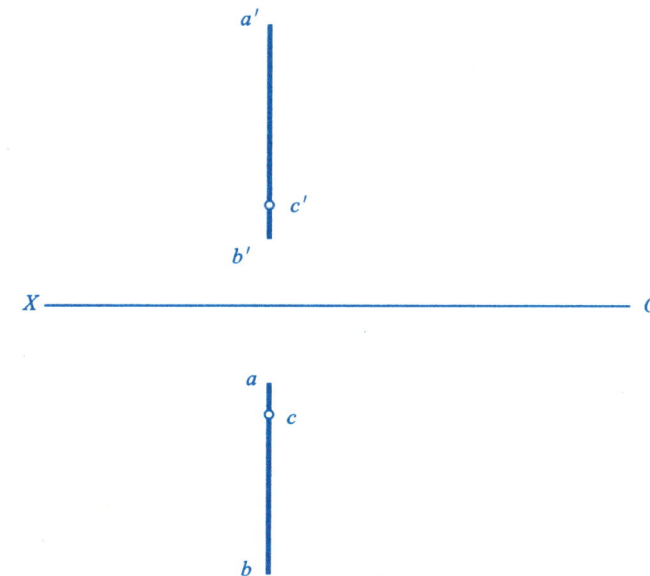

4.判断下列直线与直线的相对位置。

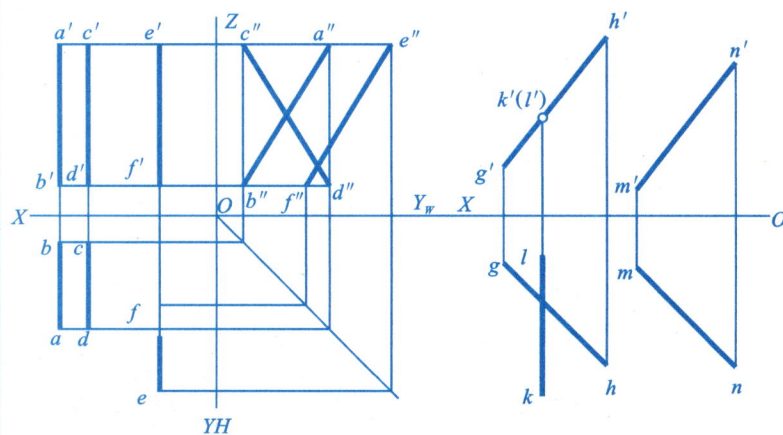

AB、CD是_____线；　GH、KL是_____线；
AB、EF是_____线；　GH、MN是_____线；
CD、EF是_____线；　KL、MN是_____线。

5.已知矩形ABCD,AB∥H面,试完成其投影。

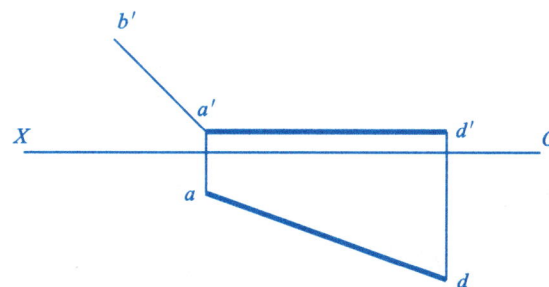

6.试完成等腰直角三角形ABC的两面投影。已知AC为斜边,顶点B在直线NC上。

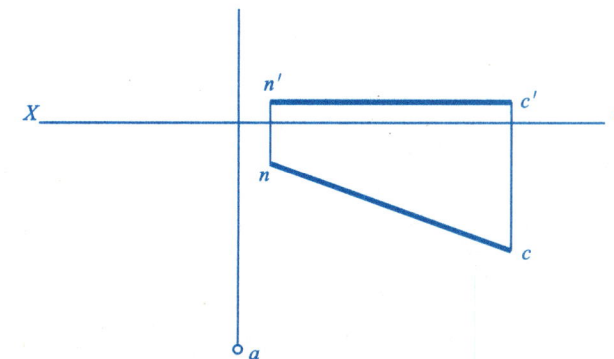

1.在立体图或投影图上,用字符标出平面A、B、C(如平面P)。

(1)

(2)

(3)

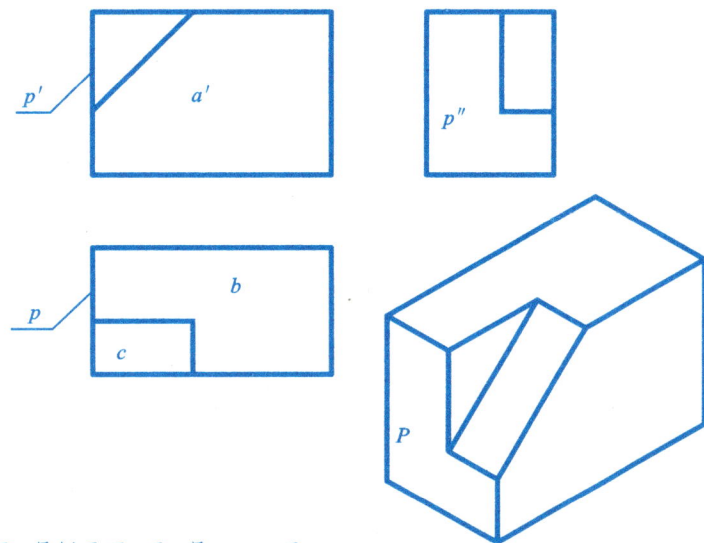

面P是侧平面;面A是____面;
面B是侧平面;面C是____面。

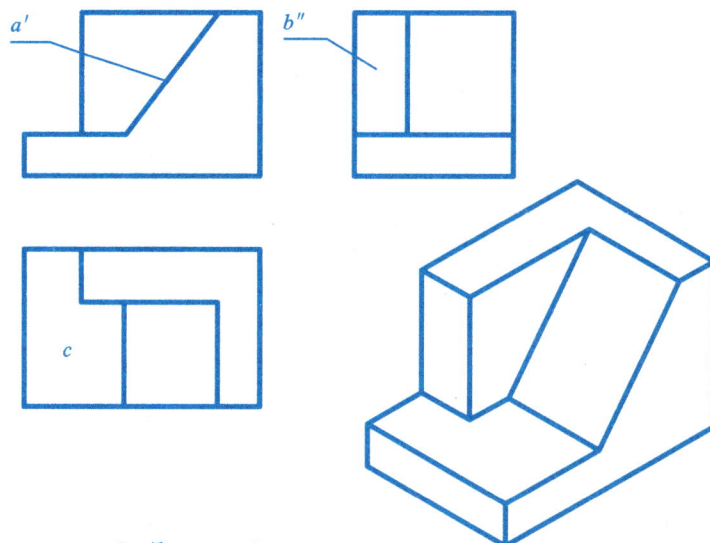

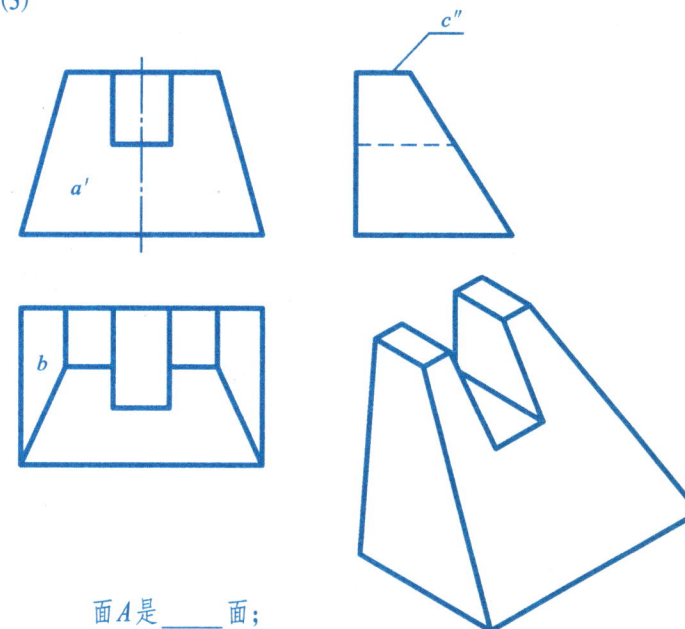

面A是____面;
面B是____面;面C是____面。

面A是____面;
面B是____面;面C是____面。

2.完成三棱锥的侧面投影,并分析各平面的空间位置。

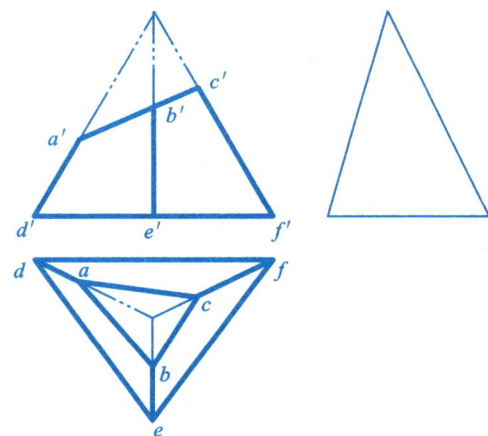

3.补全平面图形及该平面上点K的投影。

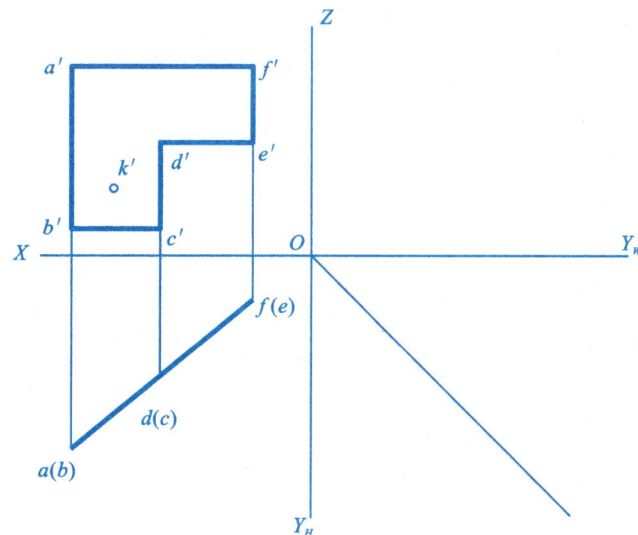

4.完成平面图形ABCDE的水平投影。

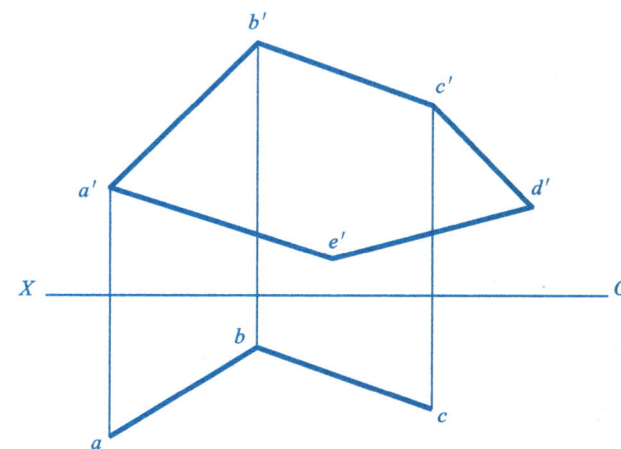

1.已知 EF∥△ABC,求 $e'f'$。

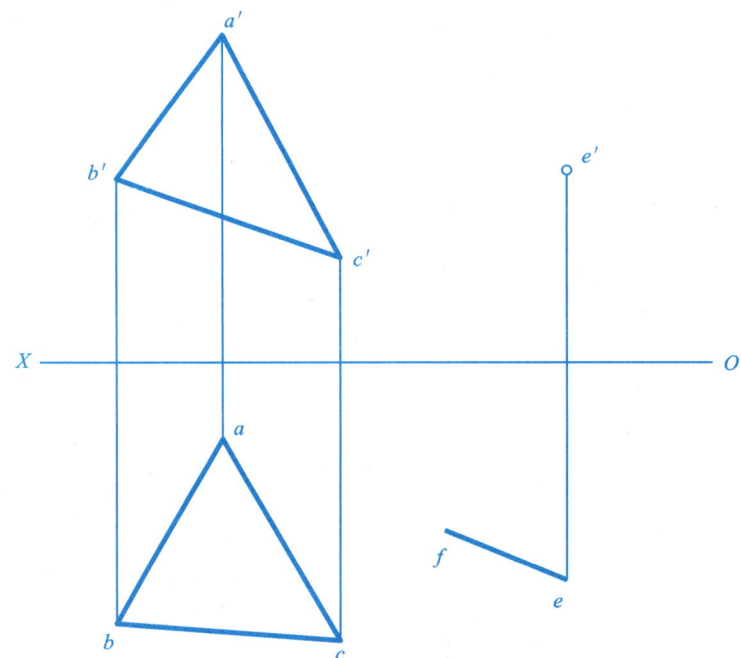

2.已知 EF∥△ABC,求作△$a'b'c'$。

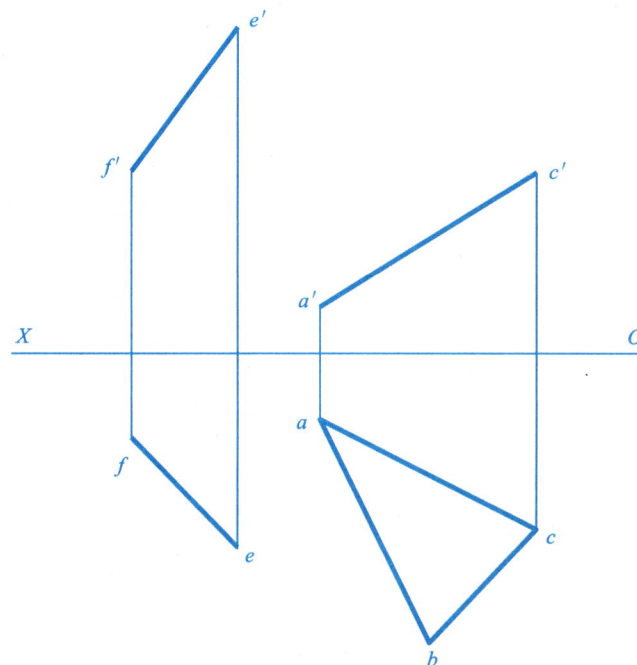

3.已知△ABC∥$EDFG$,(DE∥FG)求作△abc。

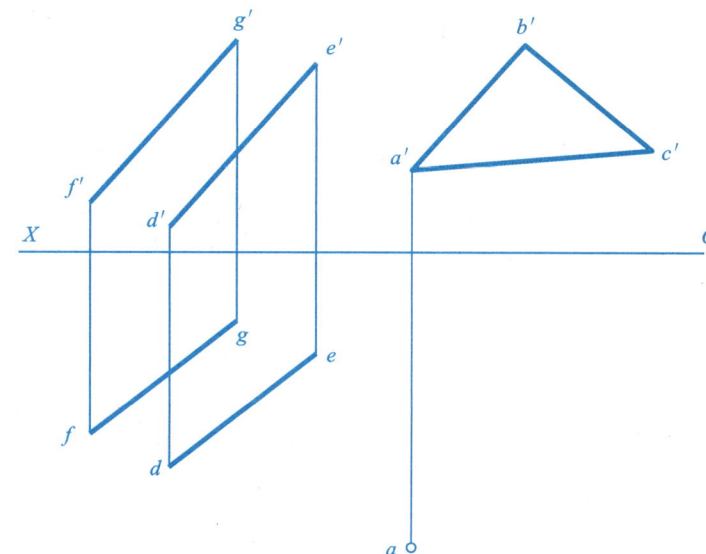

3.求正垂线 EF 与△ABC 的交点,并判断可见性。

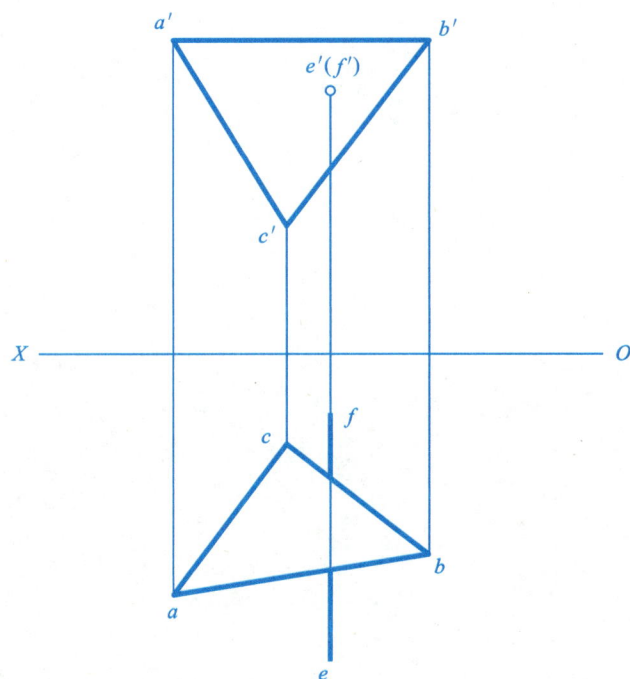

5.已知 AB 与圆平面的交点,并判断可见性。

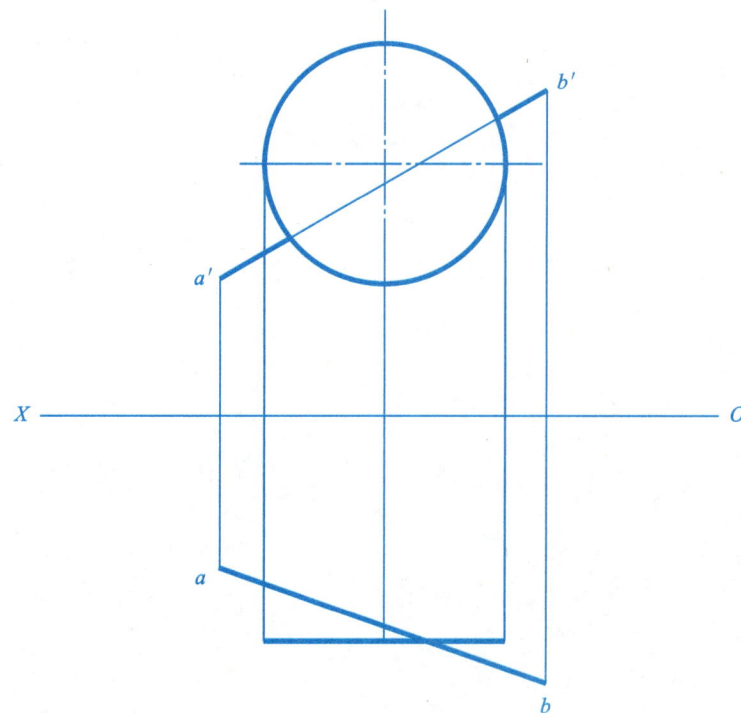

6.作△ABC 与□$DEFG$ 的交线,并判断可见性。

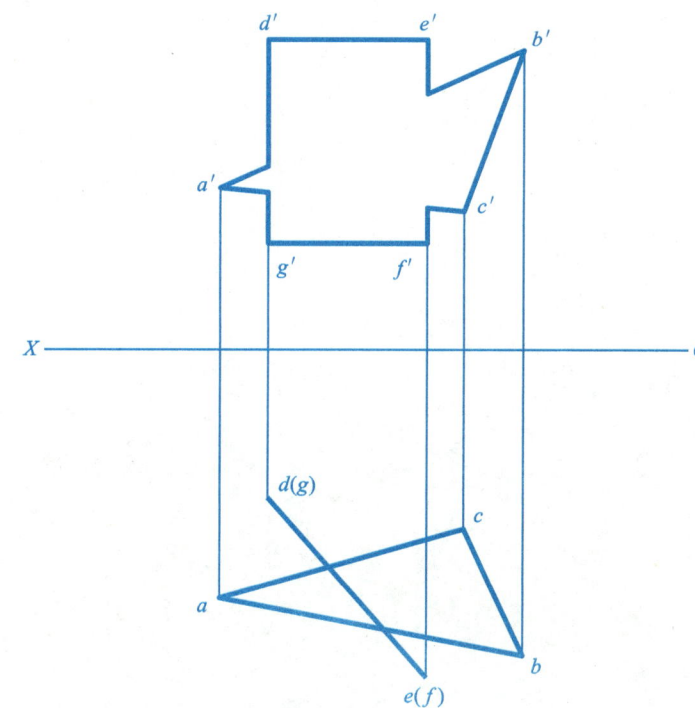

7. 求△ABC与▱DEFG的交线,并判断可见性。

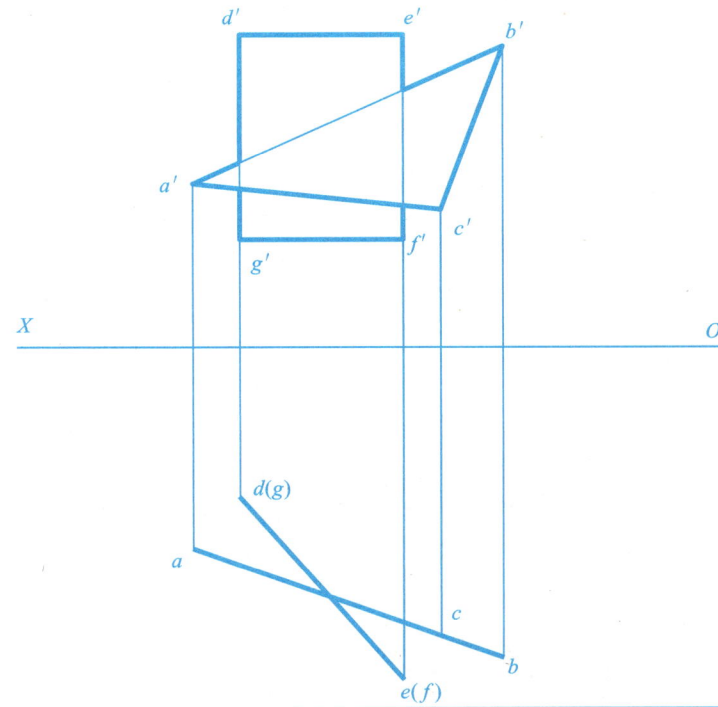

8. 过点A作直线垂直于△CDE,并标出垂足B。

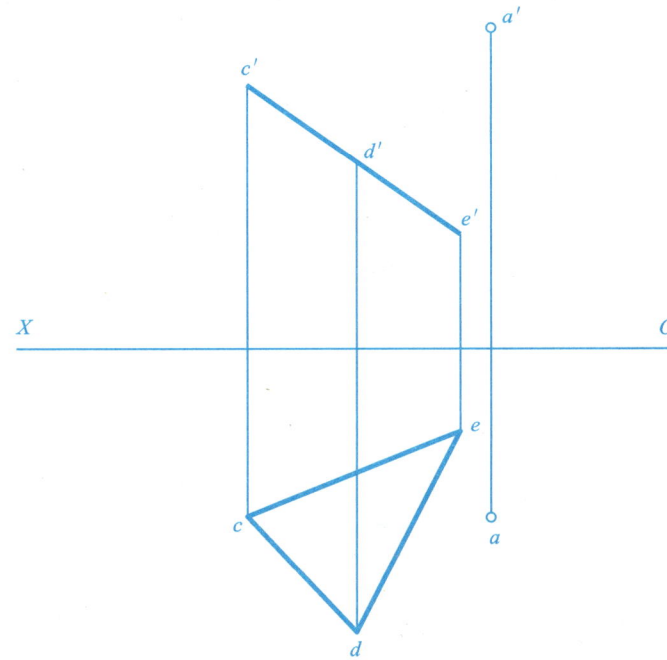

9. 求直线EF与△ABC的交点,并判断可见性。

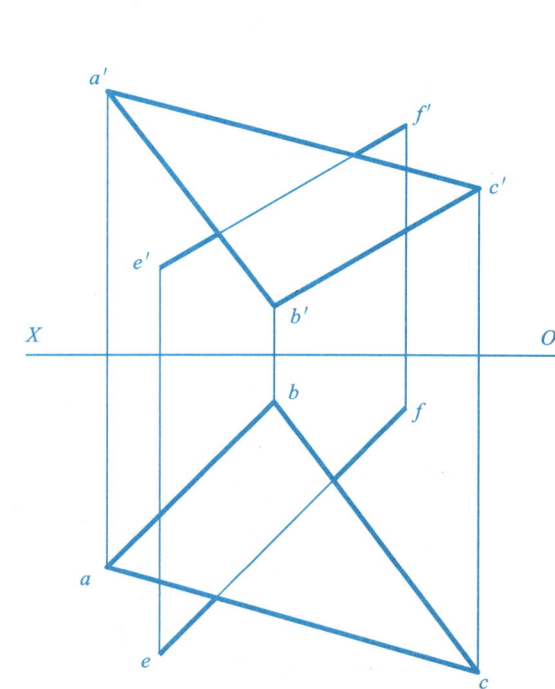

10. 求△ABC与△DEF的交线,并判断可见性。

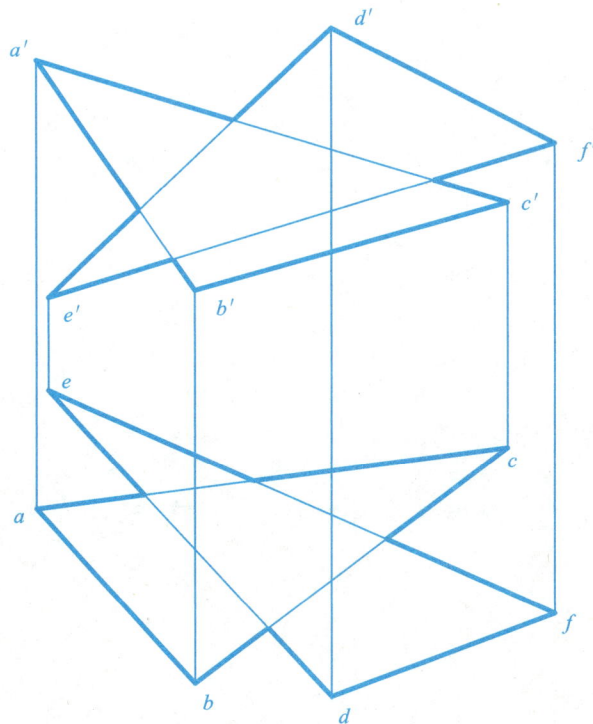

11. 求△ABC对V、H面的倾角α,β。
(提示:AC为正平线,BC为水平线。)

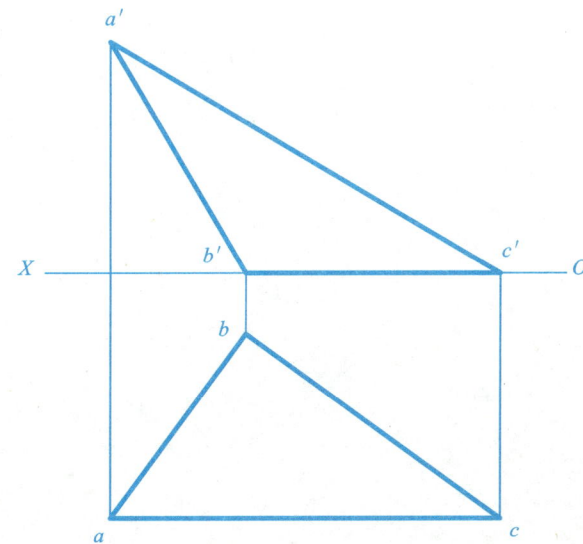

12. 通过点B作△ABC对H面的最大斜度线。

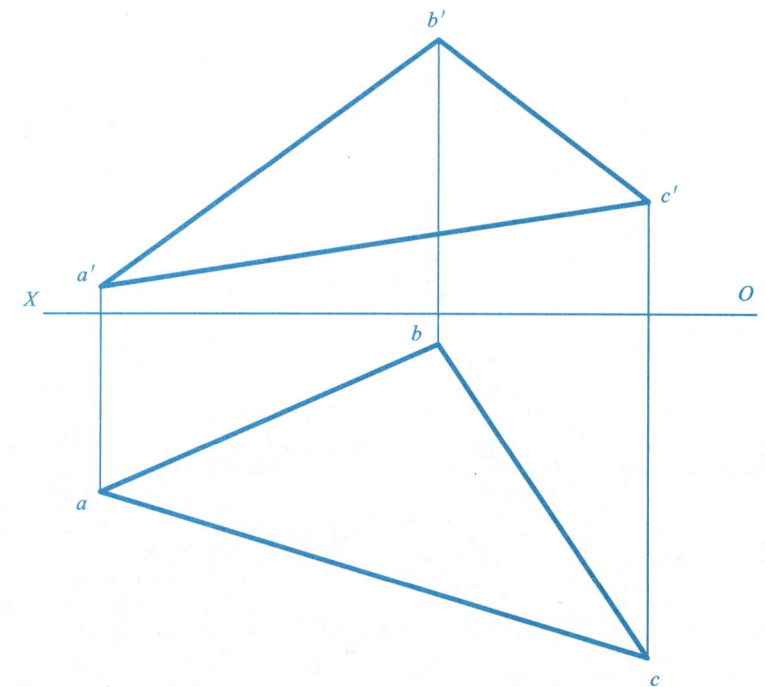

1.画物体的正等测图。

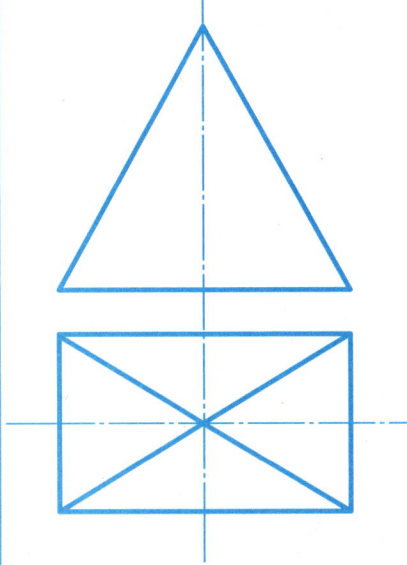

2.画物体的正等测图。

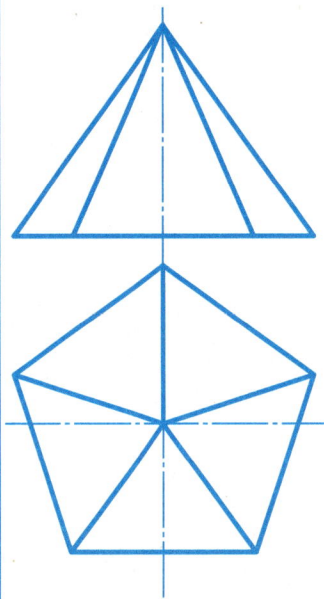

3.画物体的正等测图。

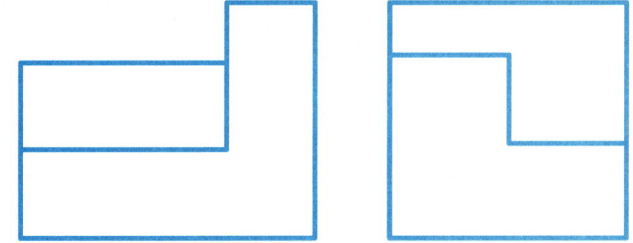

4.画特体的斜二测图。

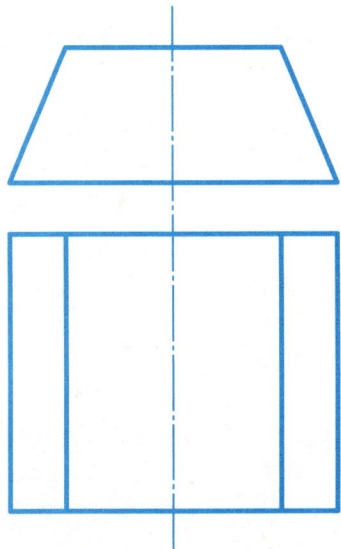

5.画特体的斜二测图。

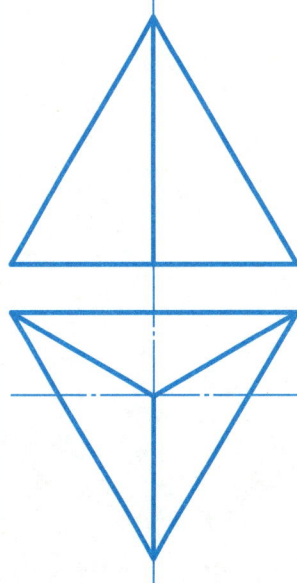

6.画特体的斜二测图。

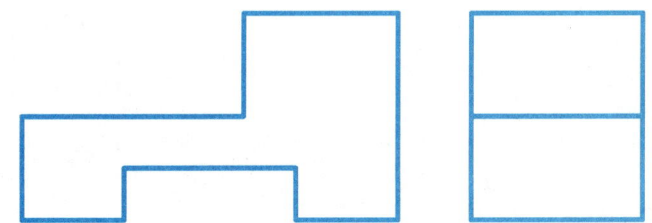

1.画物体的正等测图。

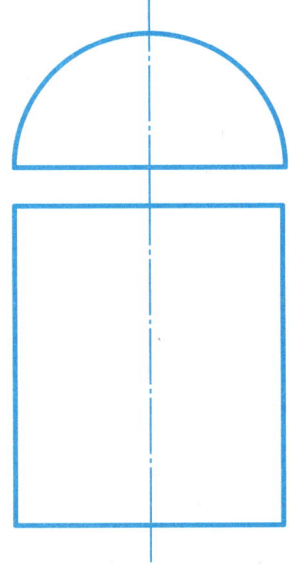

2.画物体的正等测图。

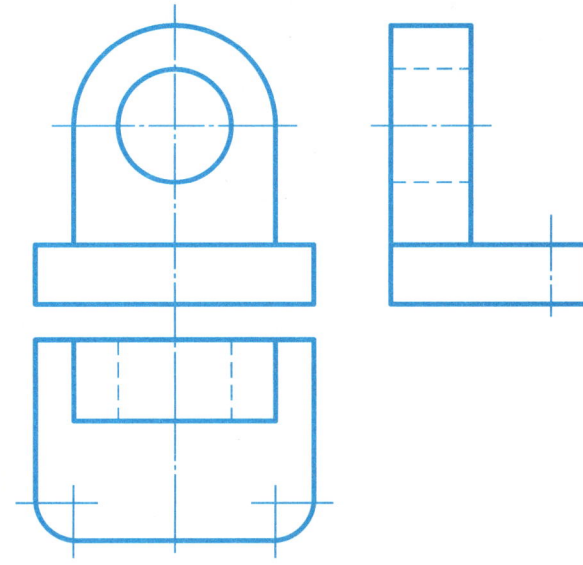

3.画物体的正等测图。

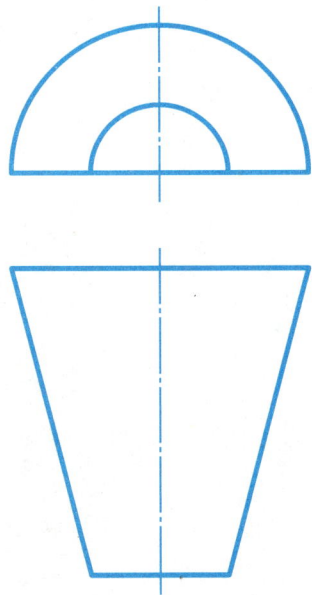

4.画物体的正等测图。

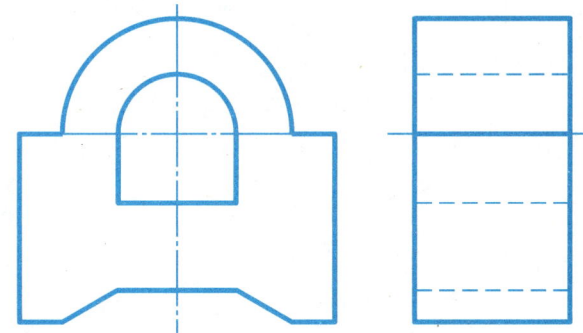

1.

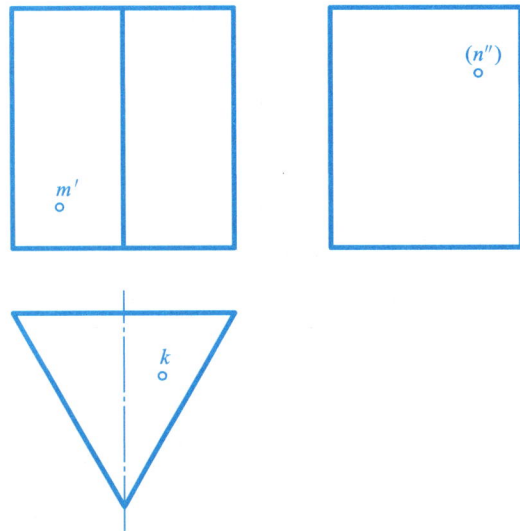

2.

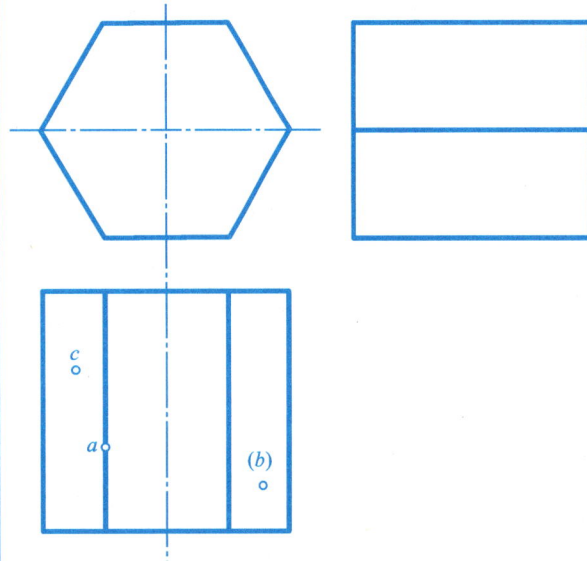

3.

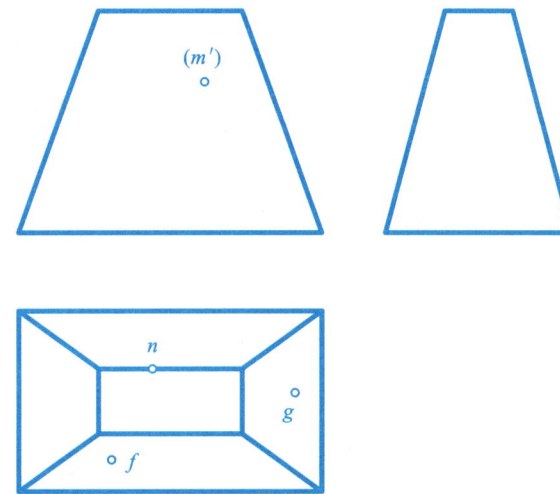

4.

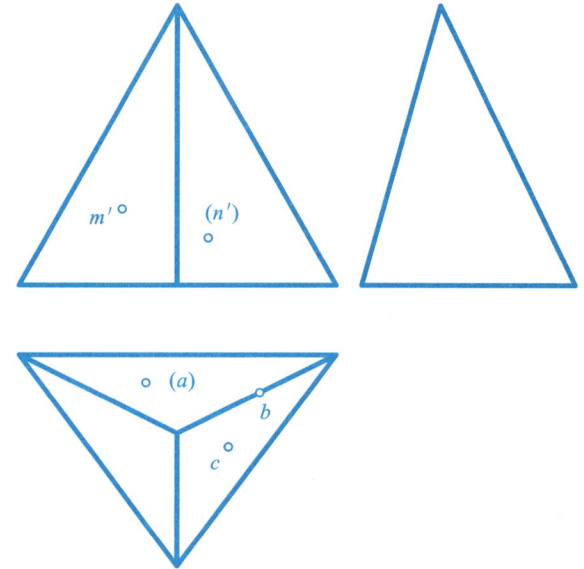

5.

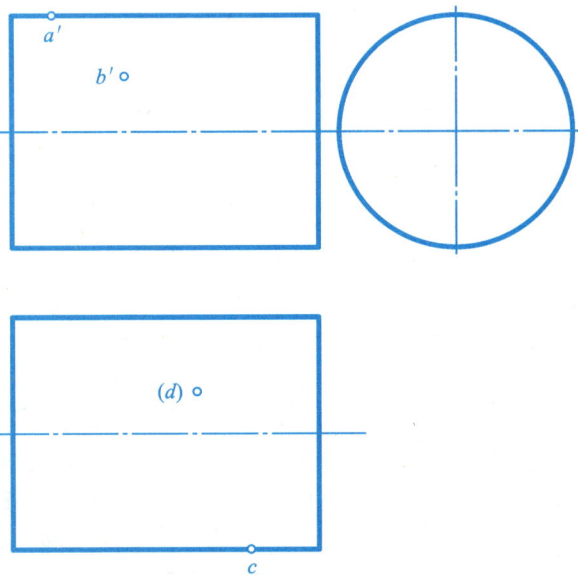

6.

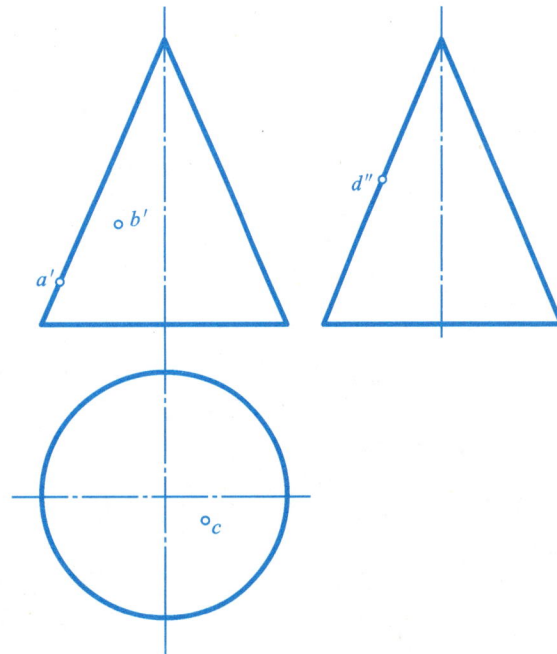

7.

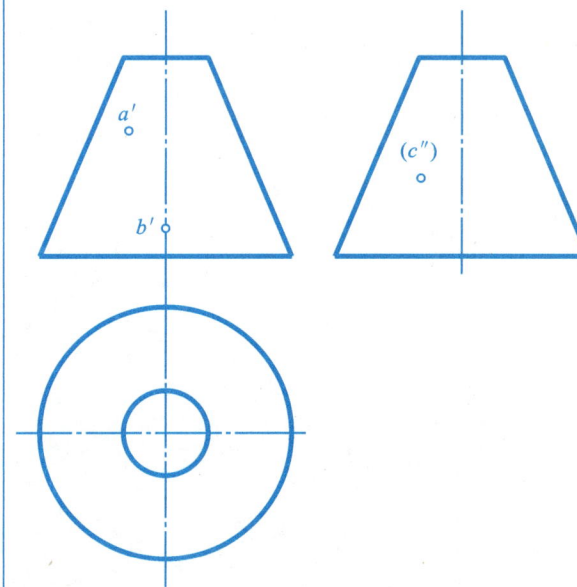

8.

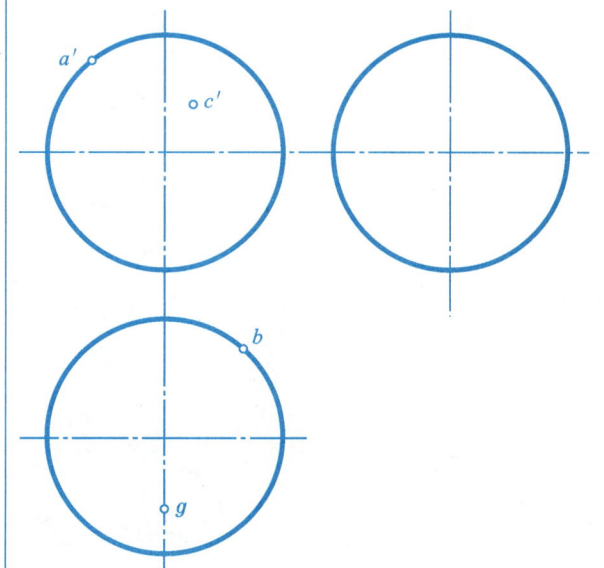

1.
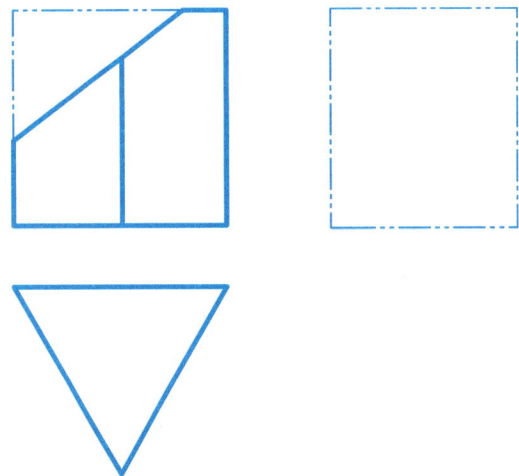

2.
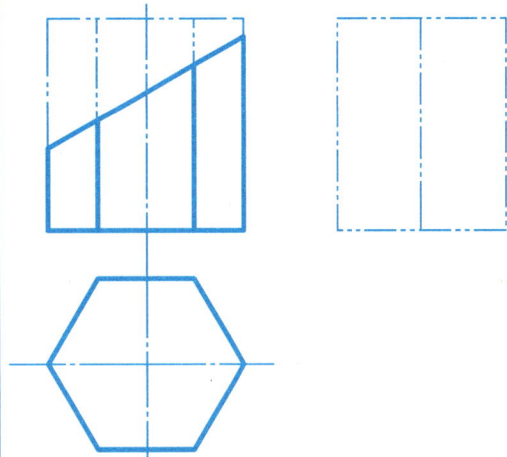

3.
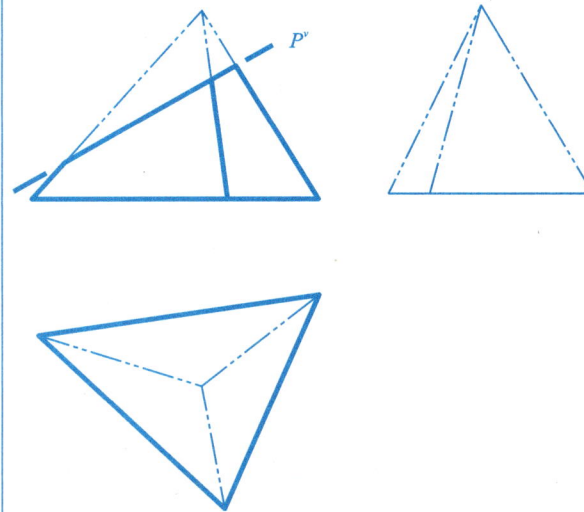

4.
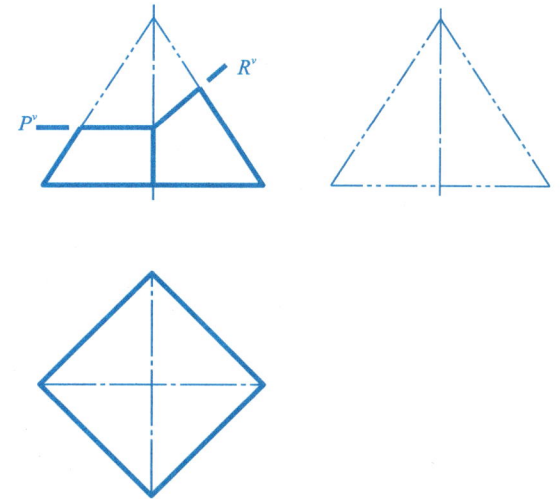

5.
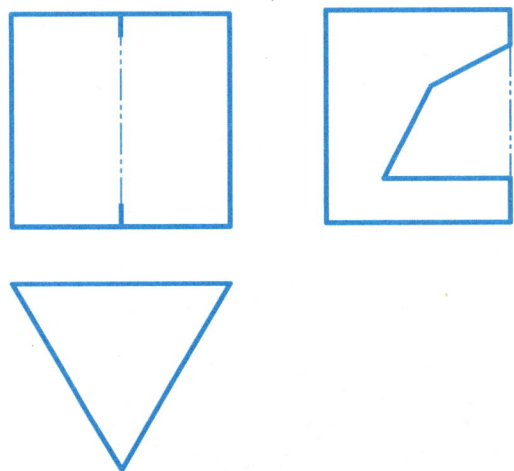

6.
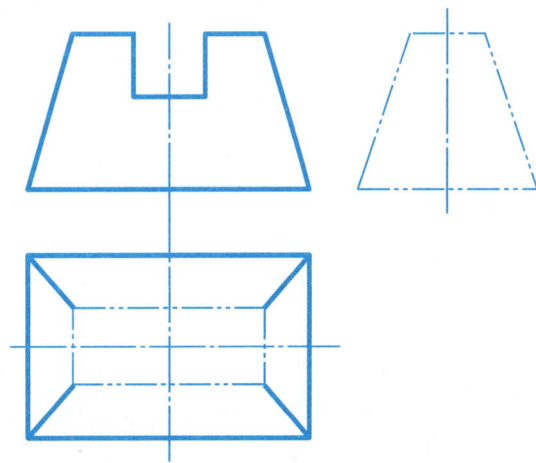

7.
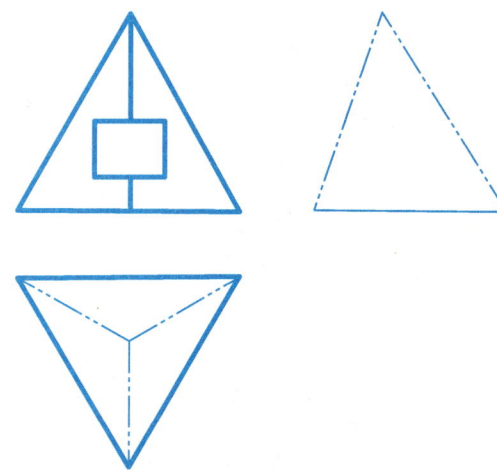

8.
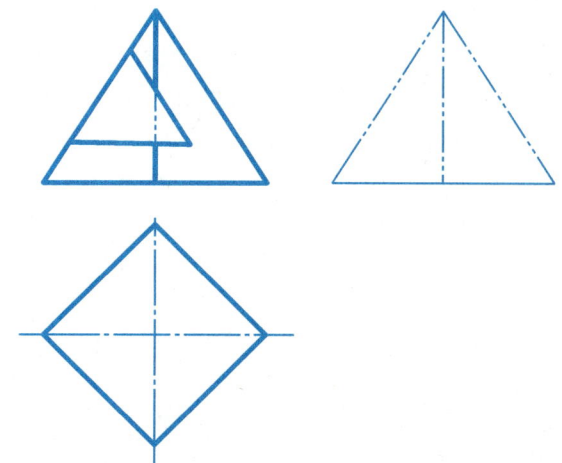

1.

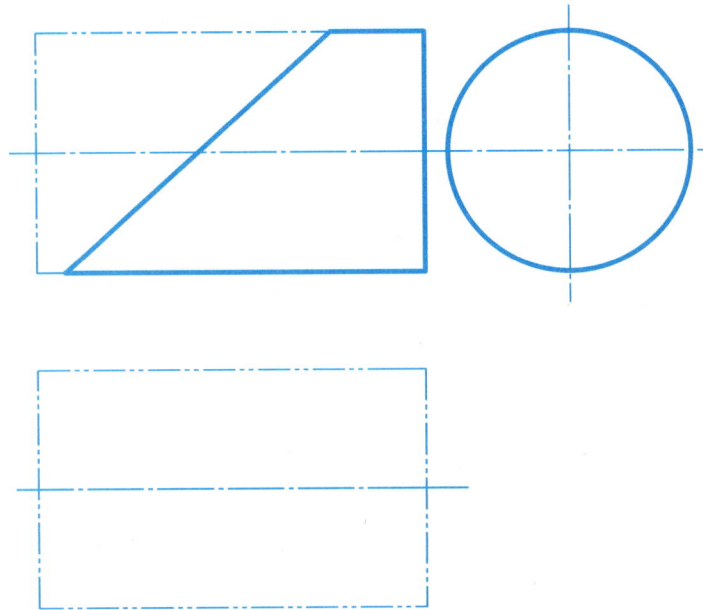

2.

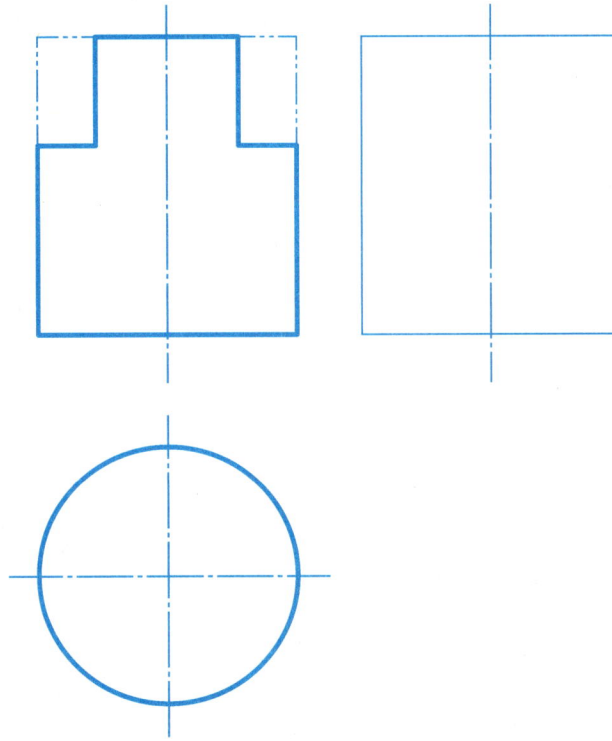

3.

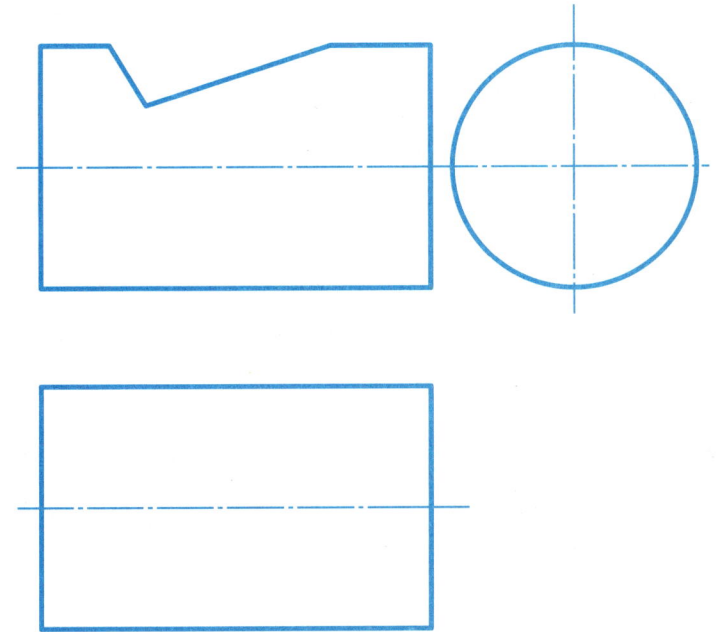

4.

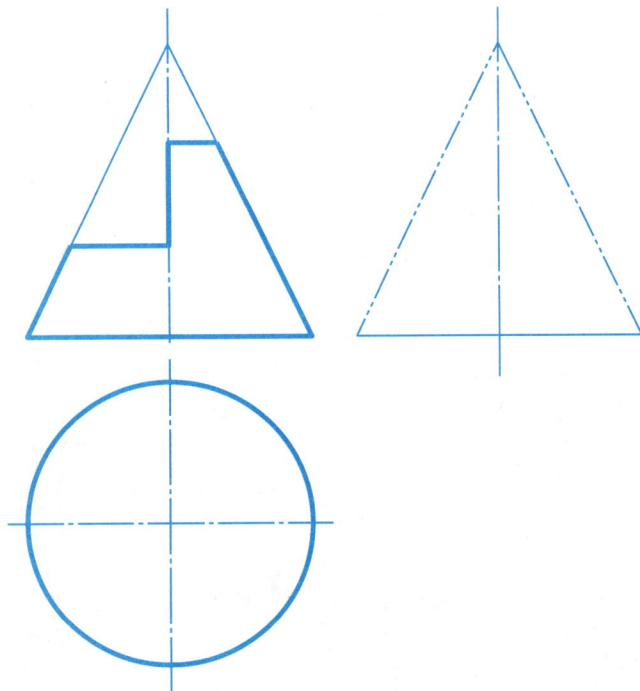

5.

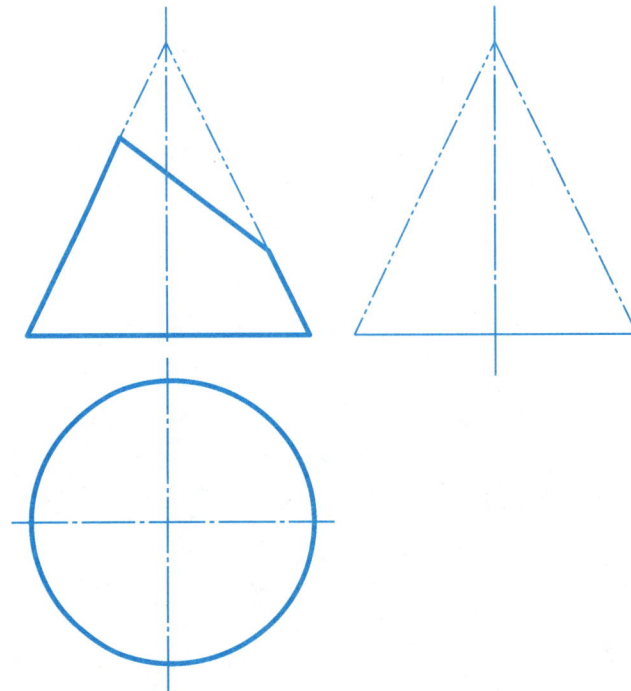

6.

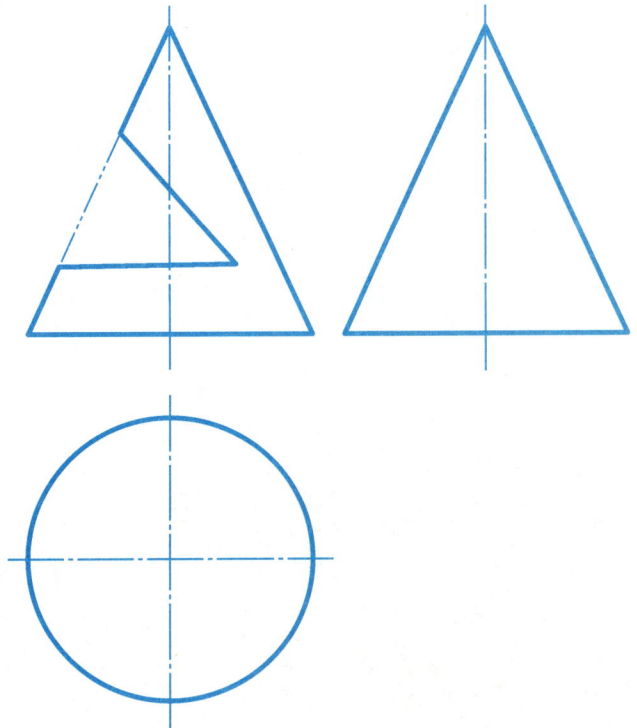

7.

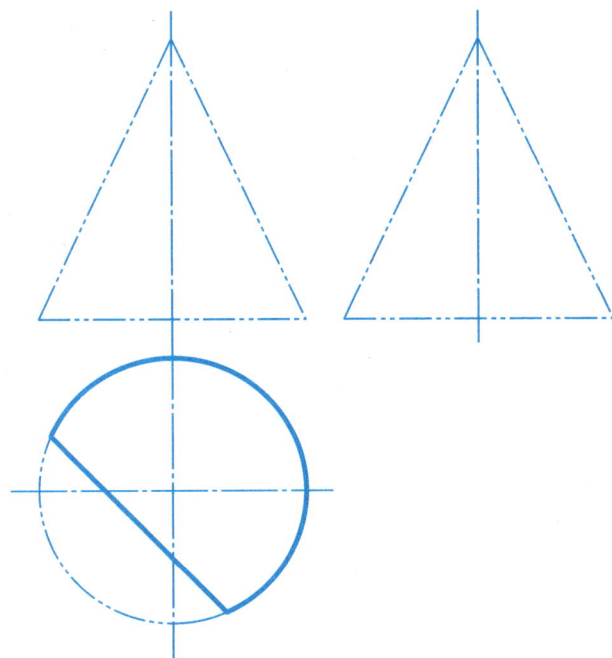

8.

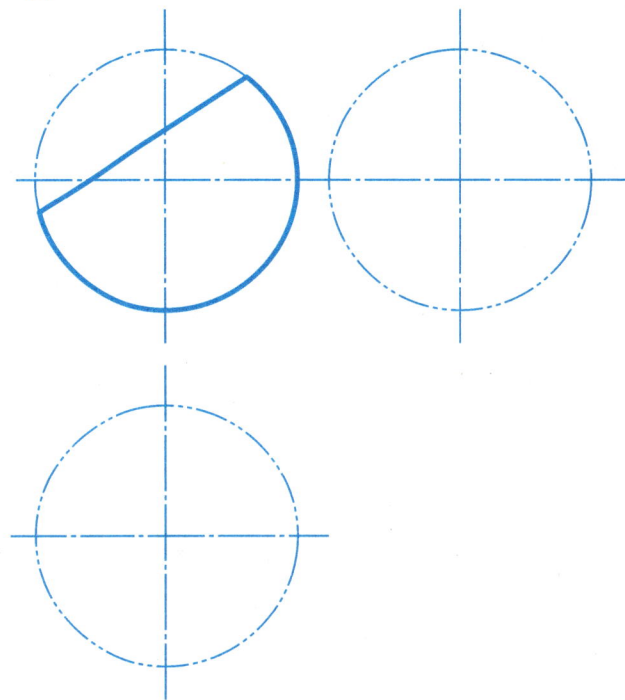

11.完成圆柱穿孔体的投影。

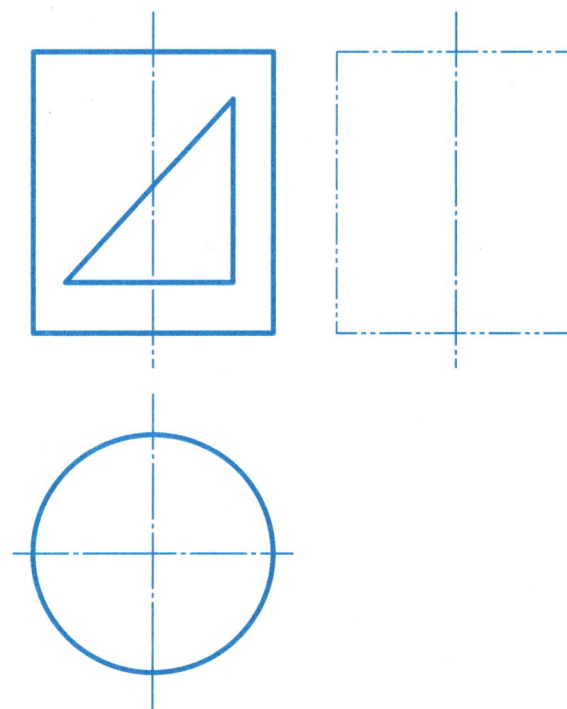

9.

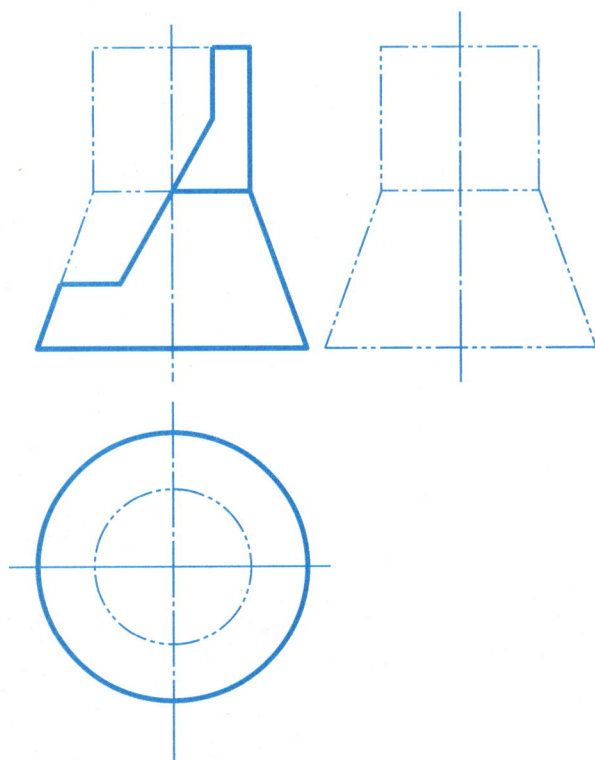

10.

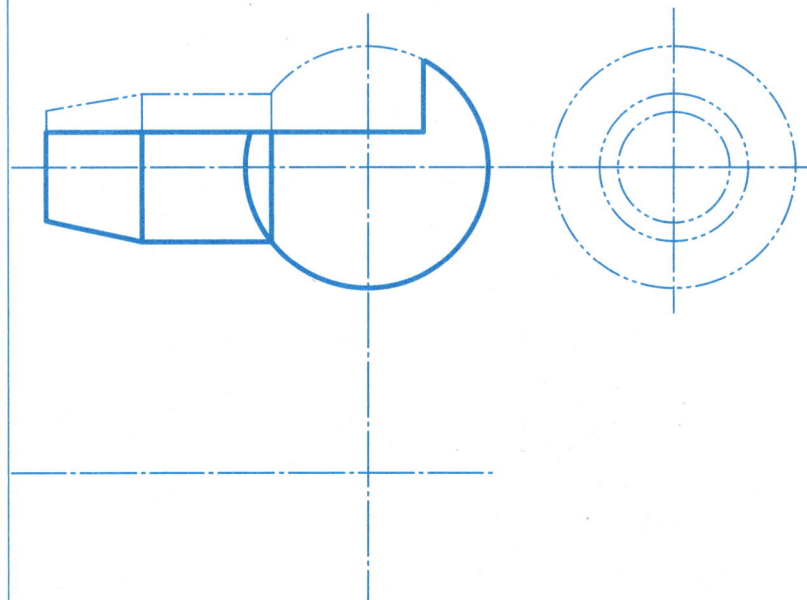

12.完成圆锥穿孔体的投影。

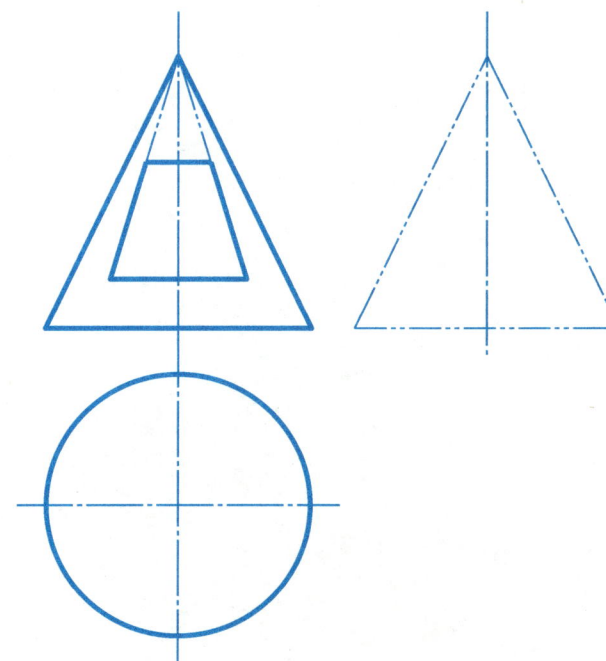

1.

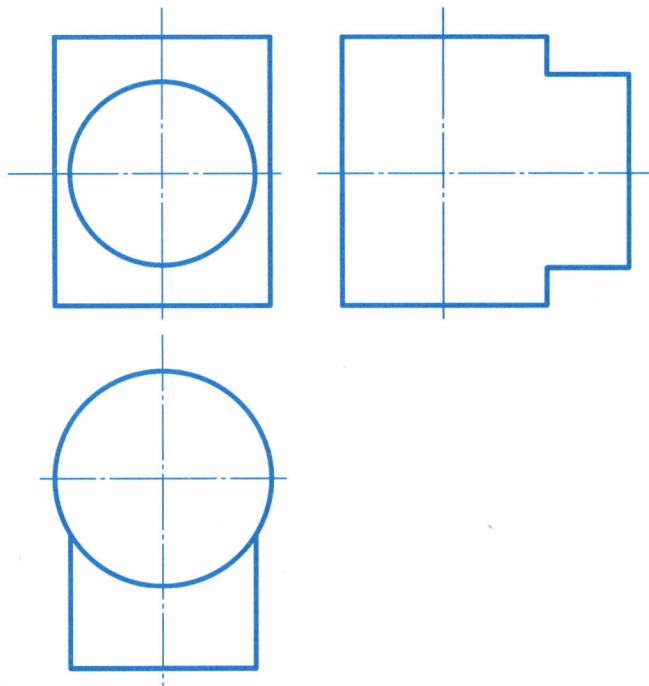

2.

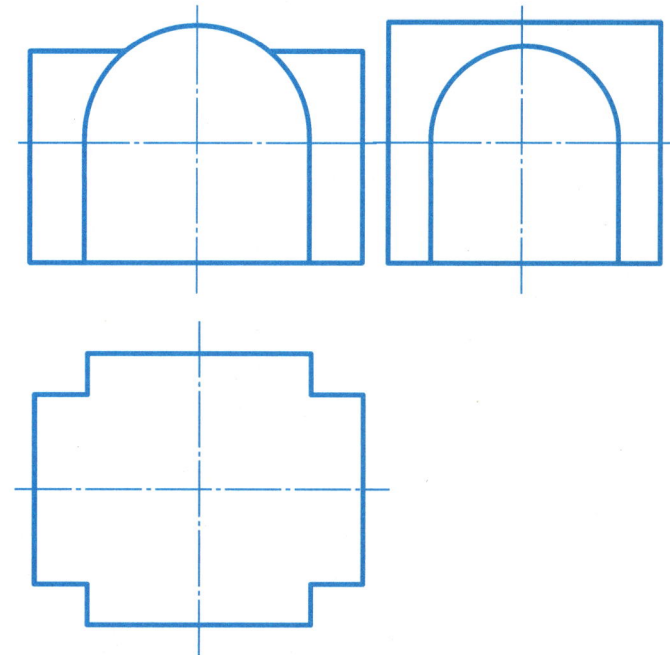

3.

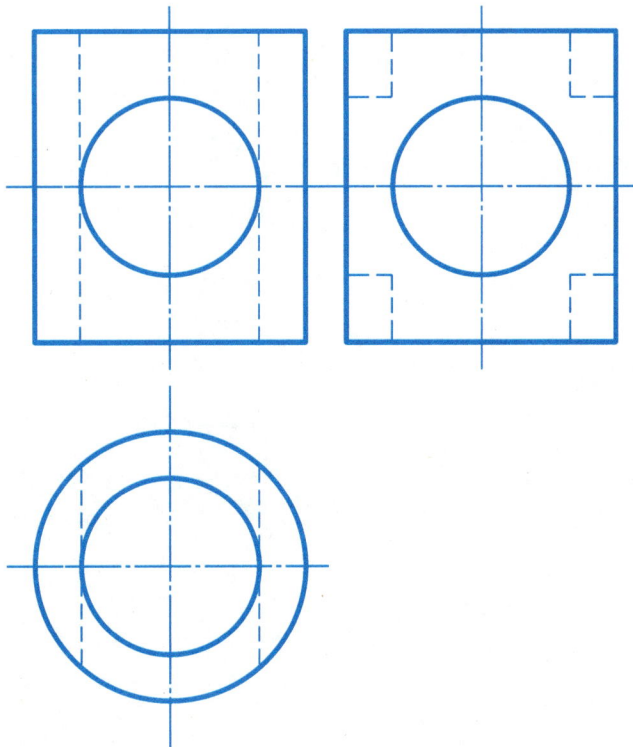

4.

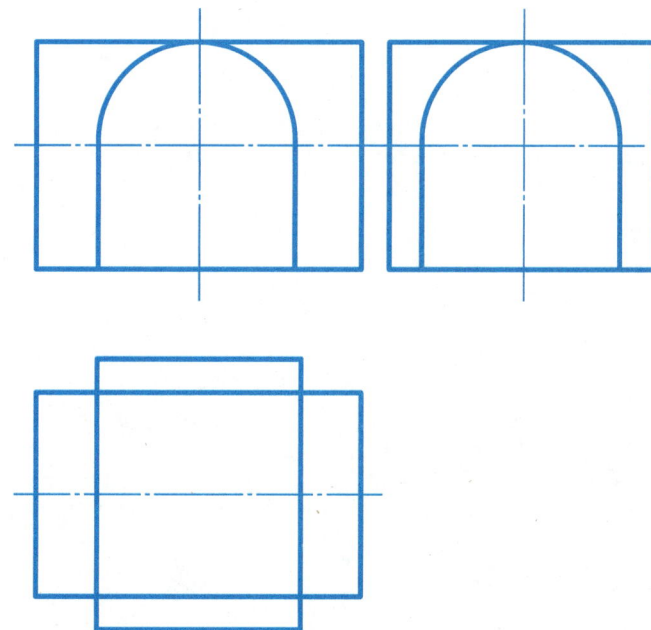

5.完成两圆柱偏交后的视图。

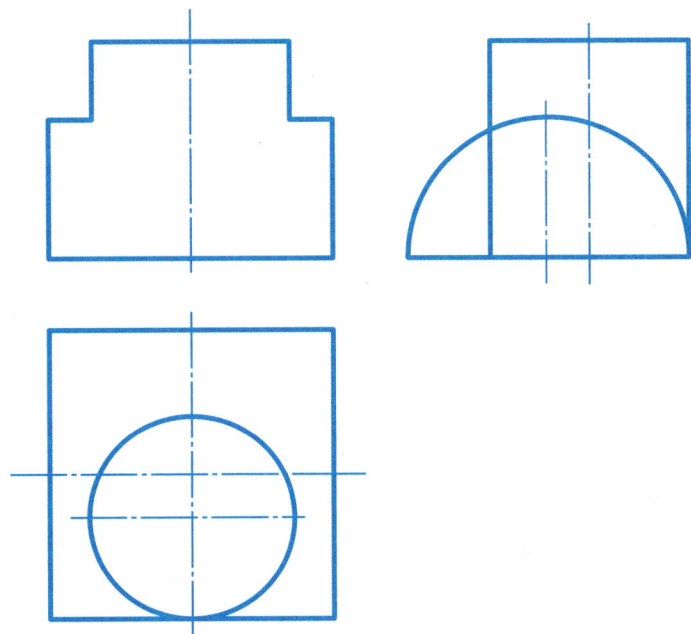

6.完成圆柱与圆球偏交后的视图。

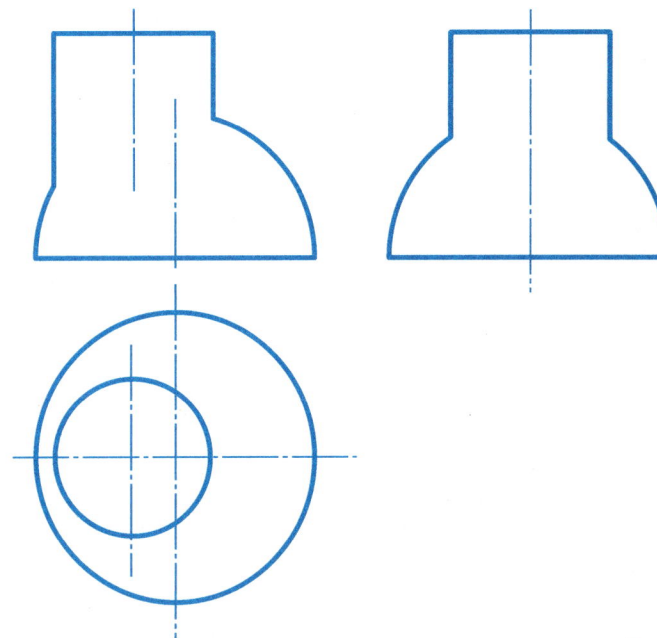

7.完成圆柱与圆锥相交后的视图。

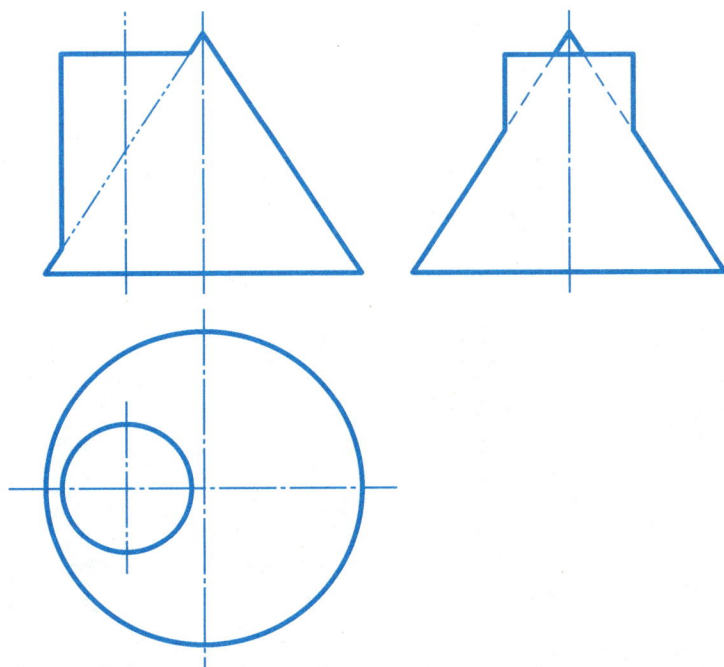

8.完成圆柱与圆球相交后的视图。

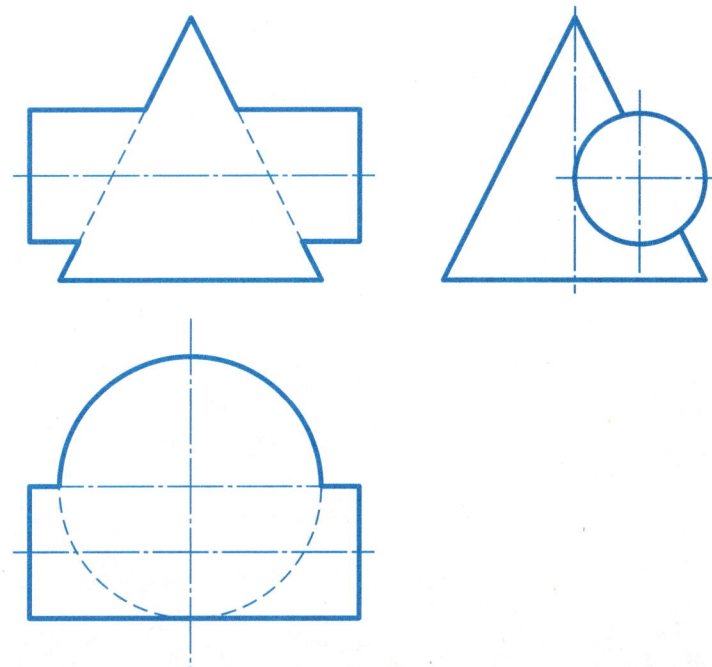

1.

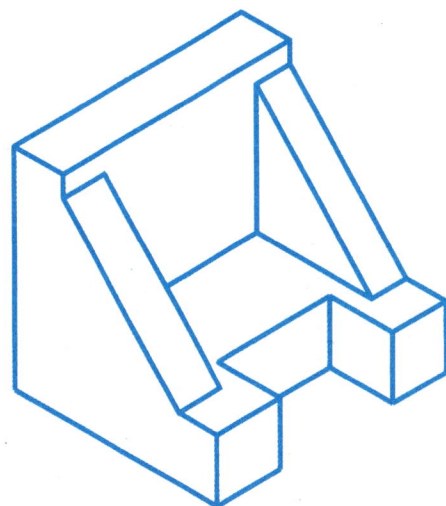

2.

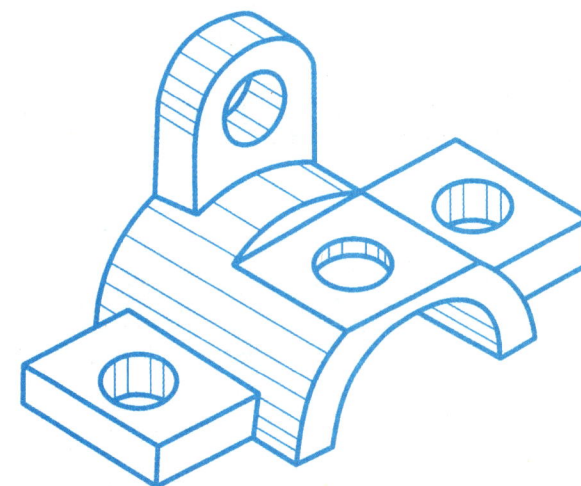

3.

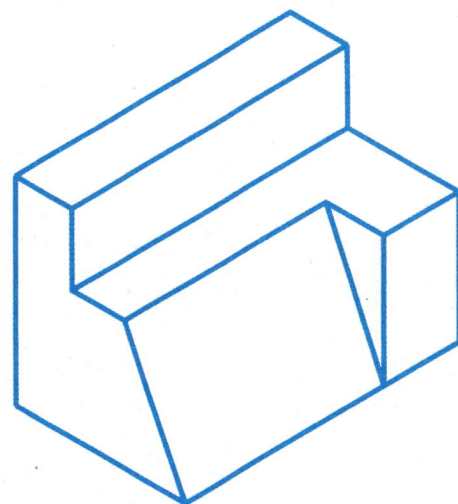

4.

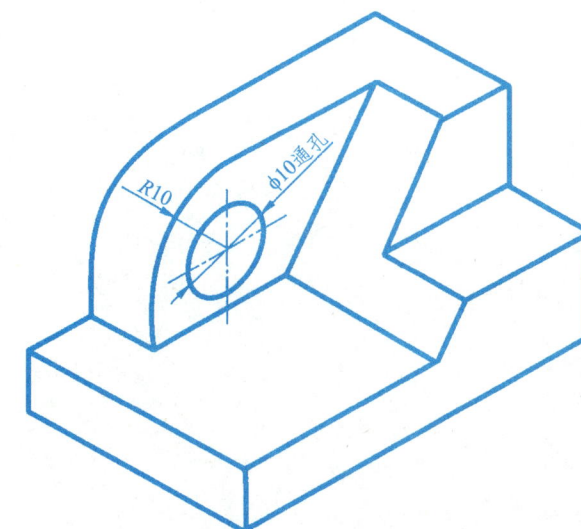

1.

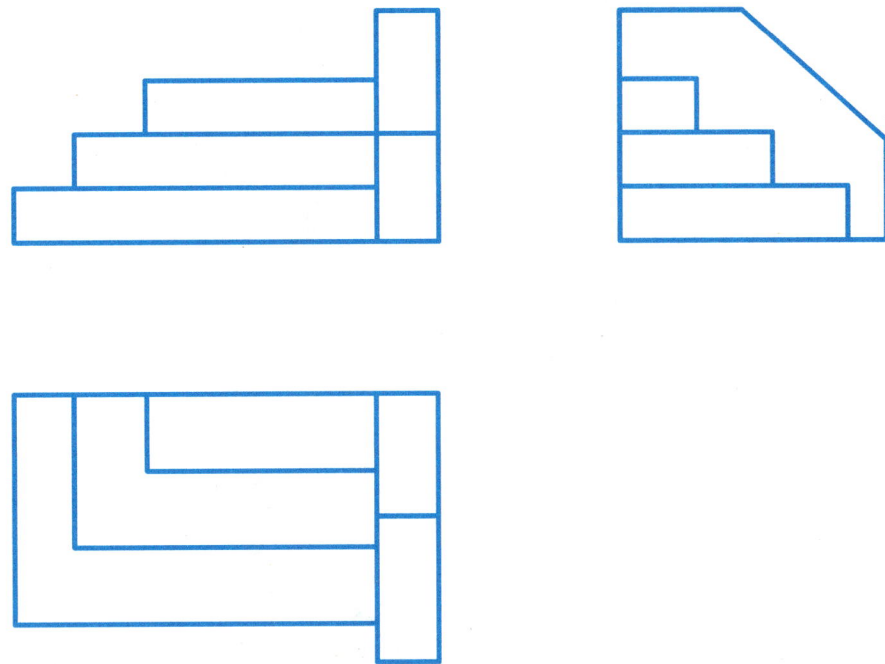

2.

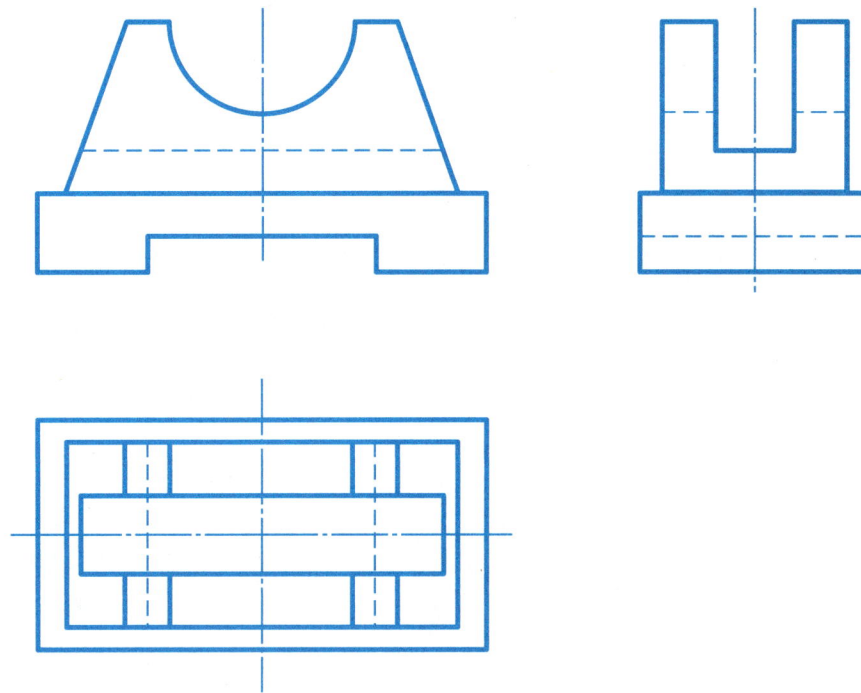

3.

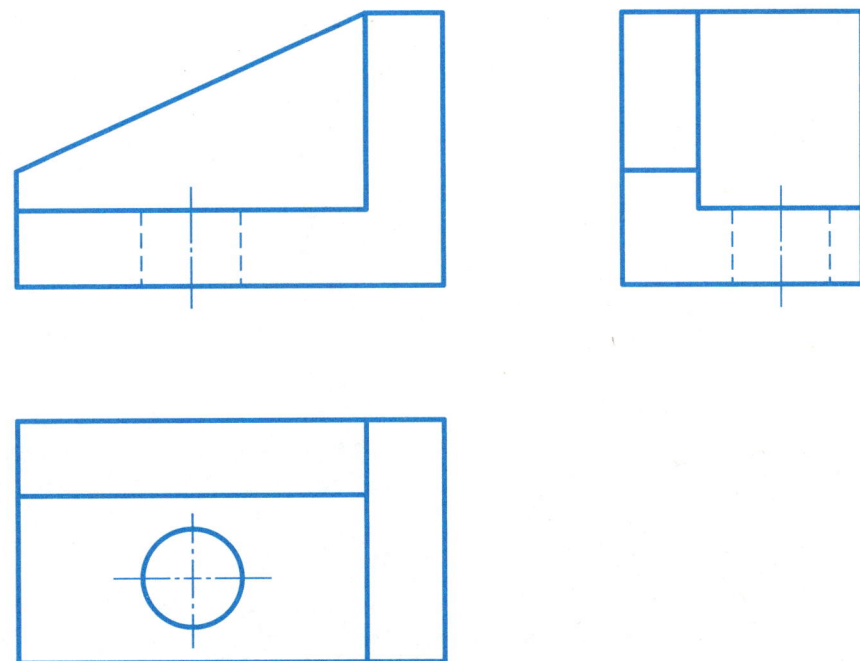

4.

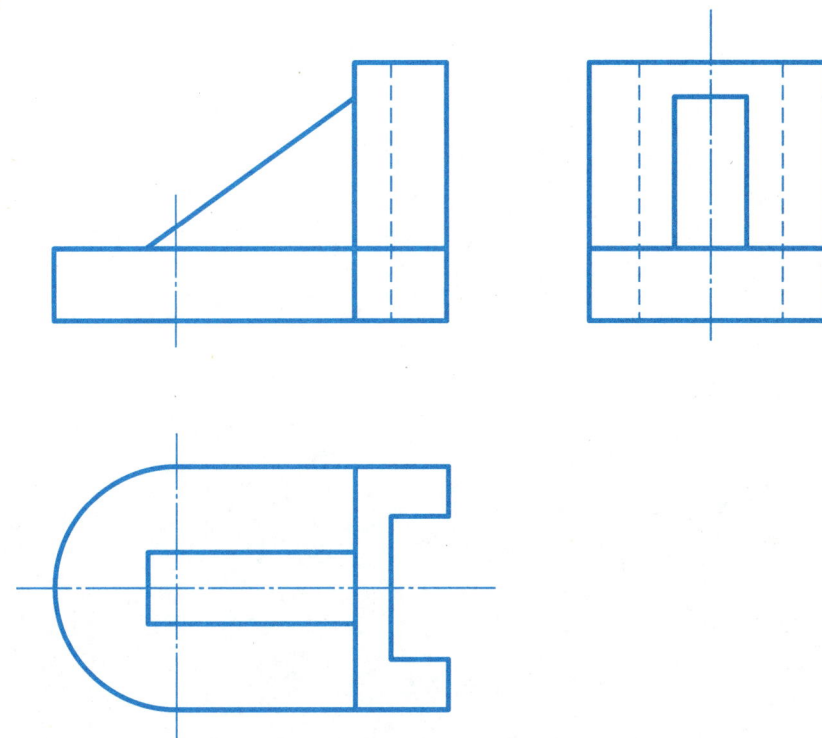

根据轴测图绘制三视图并标注尺寸。

一、目的和要求

1. 目的：进一步理解与巩固"物"与"图"之间的对应关系。运用形体分析法绘制组合三视图并标注尺寸。本作业共四分题,供不同专业按需完成1~2个分题。
2. 要求：完整表达组合的内外形并按相应专业的国家标准标注尺寸。

二、图名、图幅、比例

1. 图名：组合体三视图
2. 图幅：A3图纸
3. 比例：自定

三、绘图注意事项

1. 按图纸大小及轴测图的尺寸选择适当的比例。注意三视图中应预留注尺寸的位置。画出各视图的基准与对称中心线。
2. 逐步画出组合体各部分的视图。
3. 注尺寸以尺寸完整,符合标准,配置适当为原则。
4. 完成底稿后仔细检查后再用铅笔加粗。
5. 图面质量与标题栏的填写要求同第一次制图作业。

1.

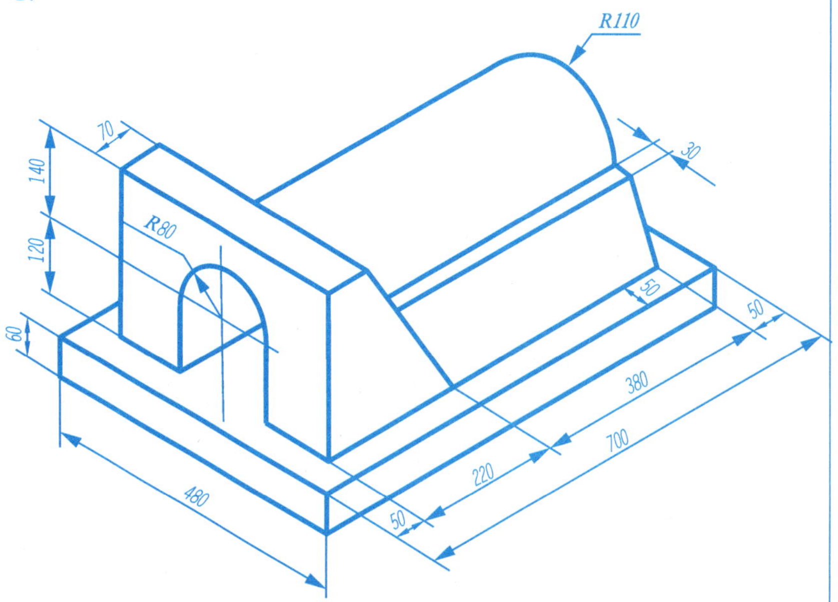

2.

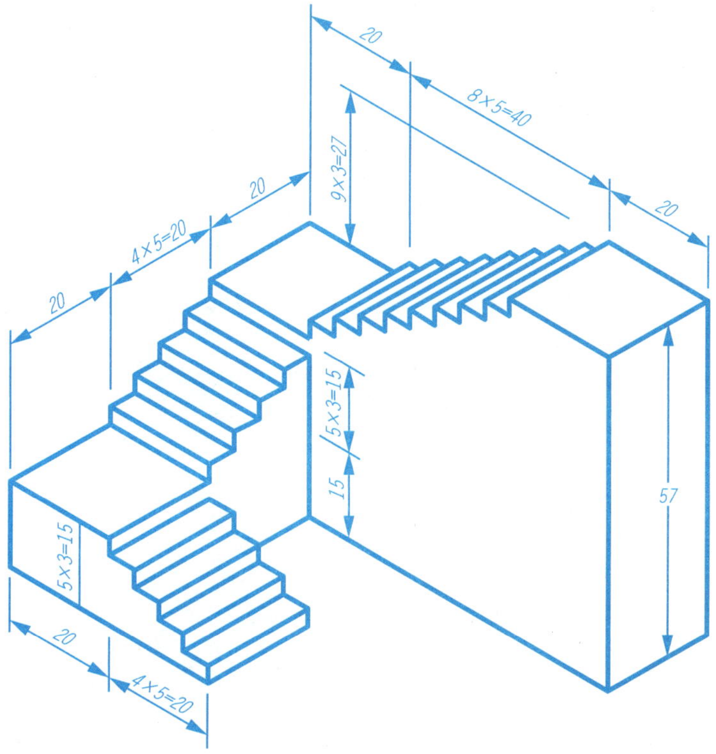

3.

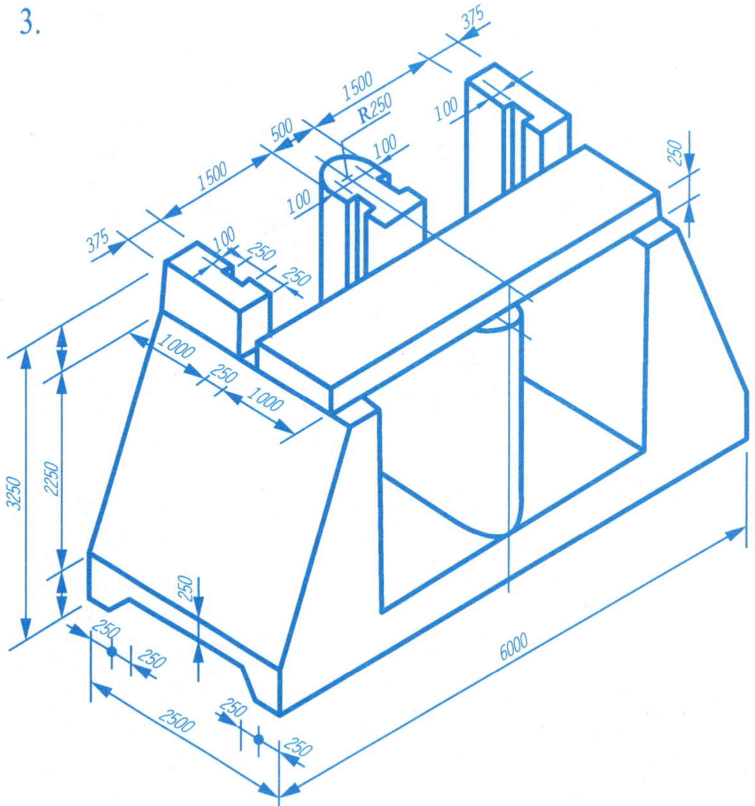

4.

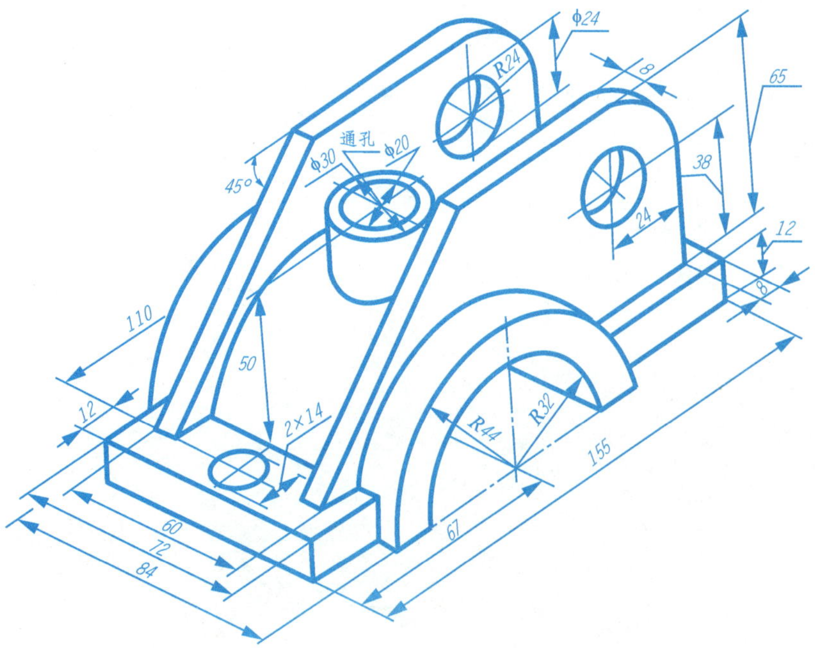

1.

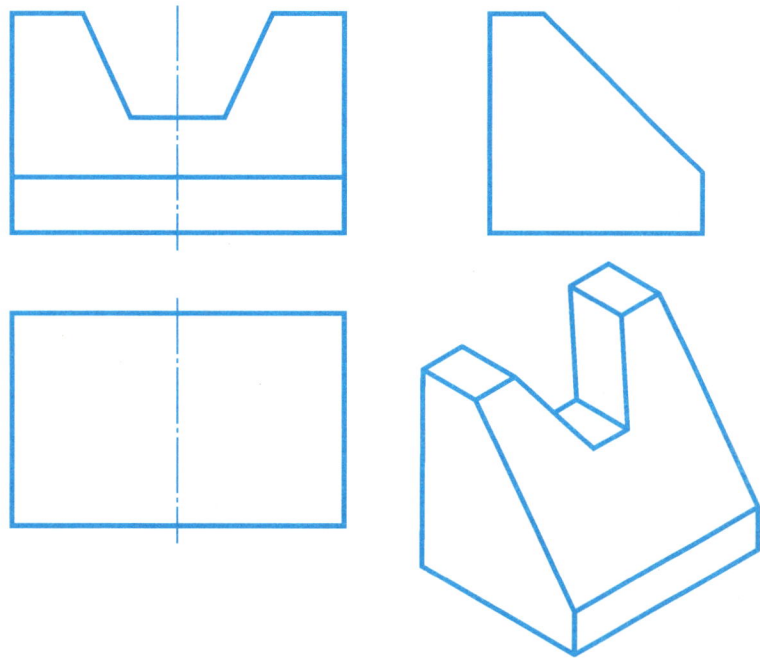

2.

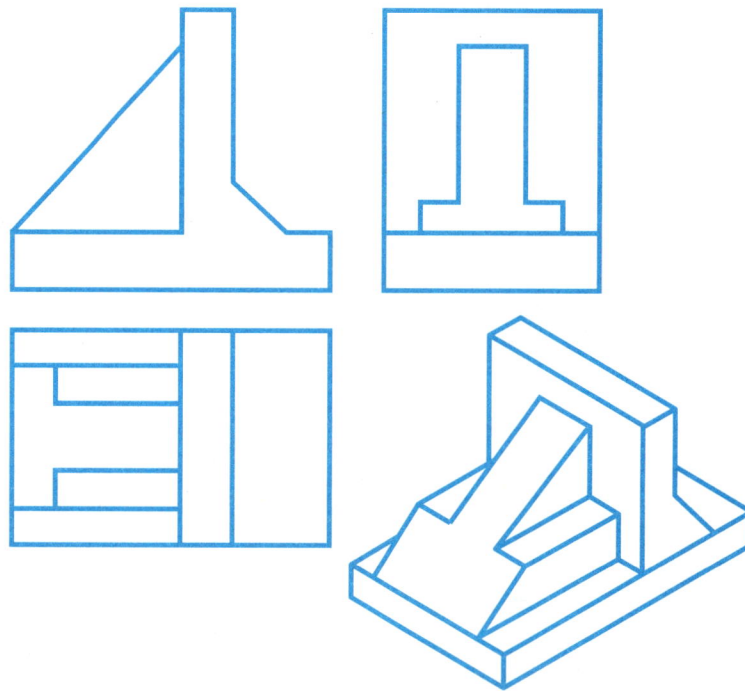

3.

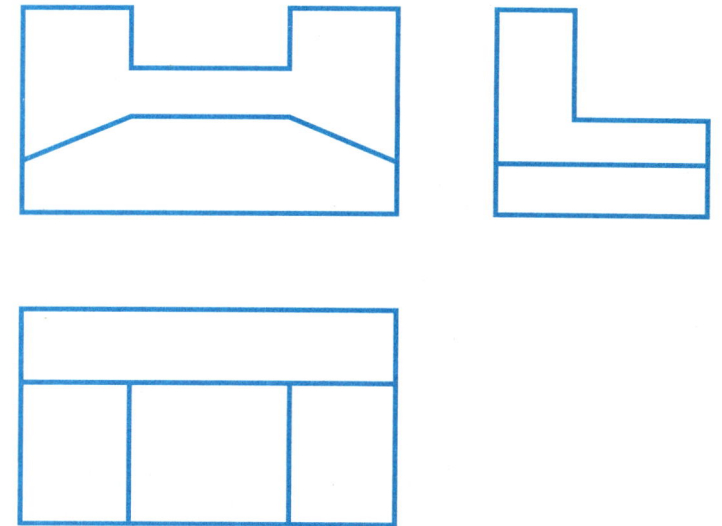

4.

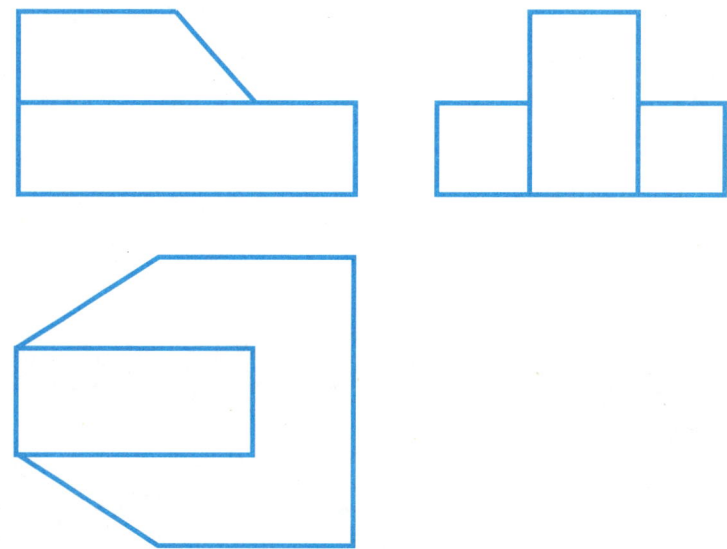

5.

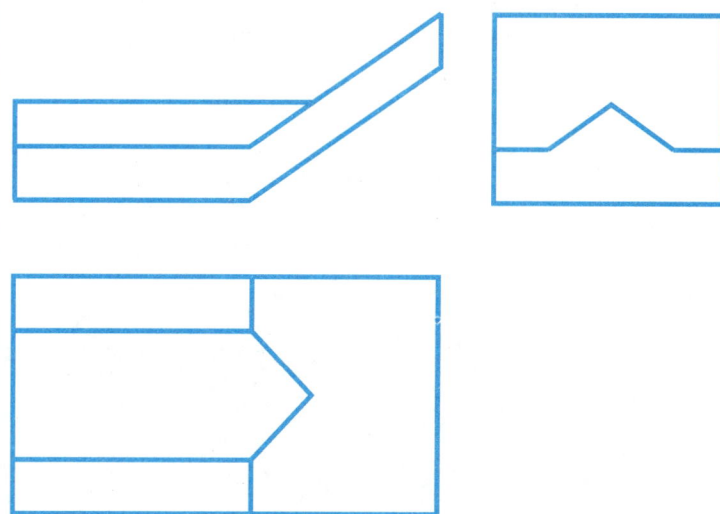

6.

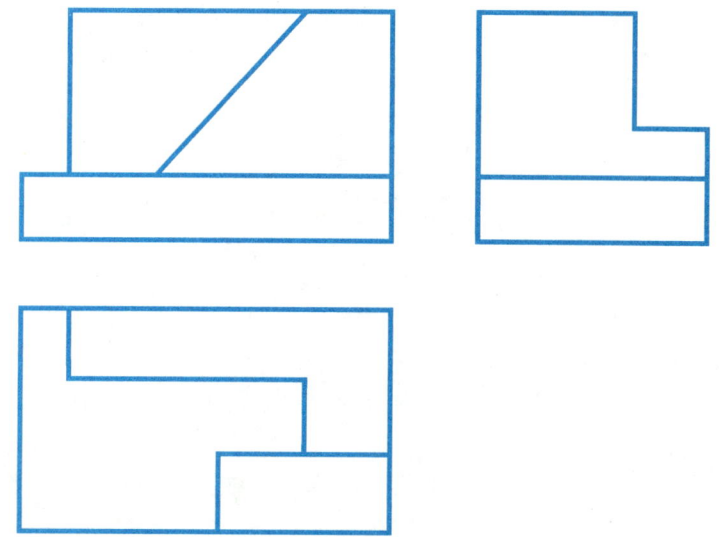

1.

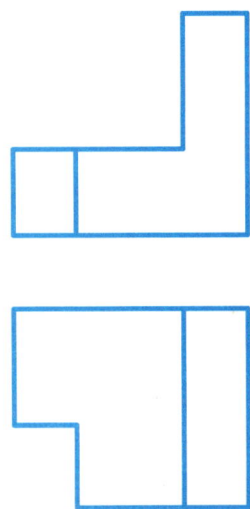

2.

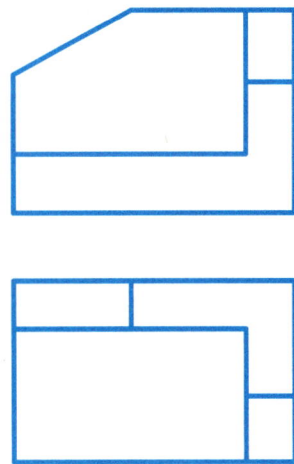

5.

6.

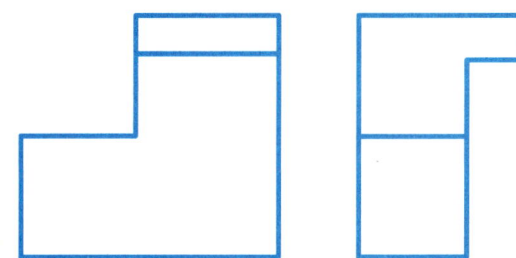

3.

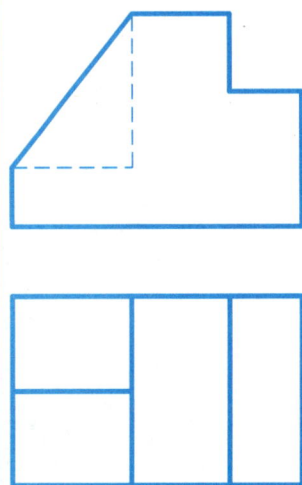

4.

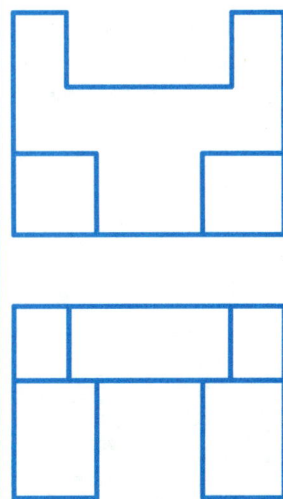

7.

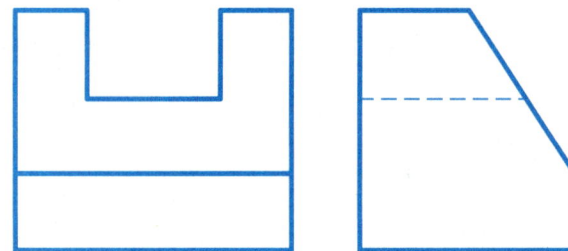

8.

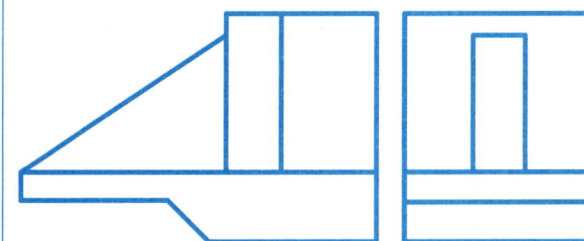

9.

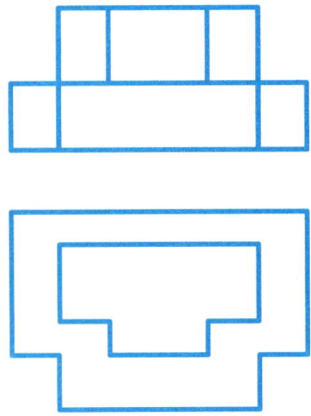

10.

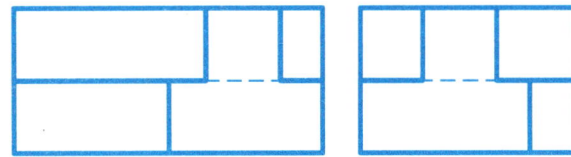

11.

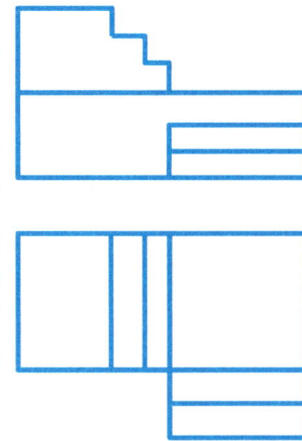

12.

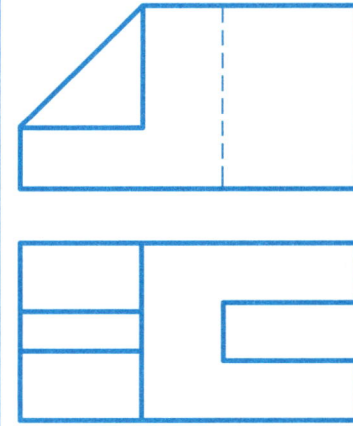

13.

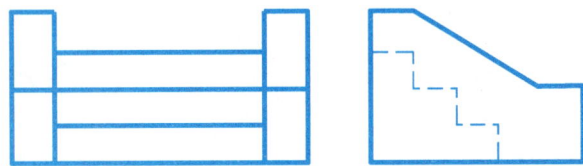

14.

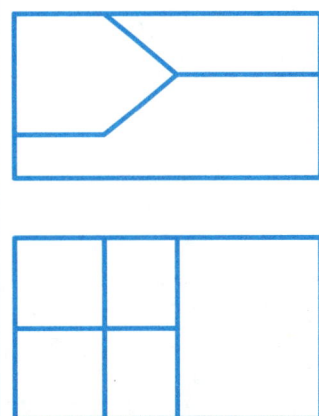

15.

16.

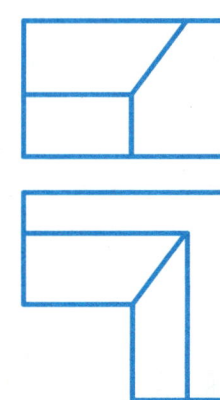

17.

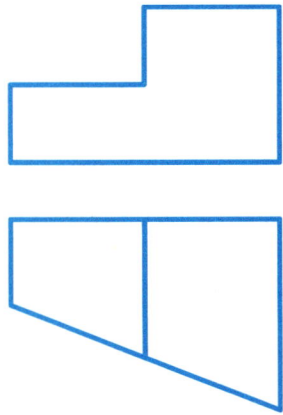

18.

19.

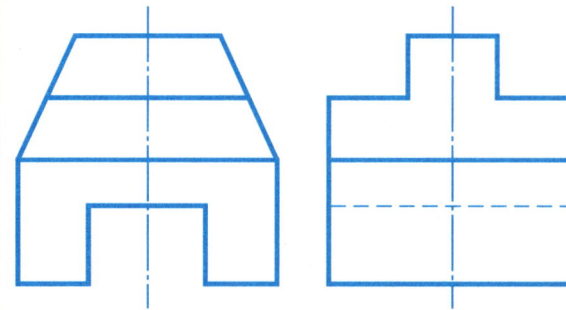

20.

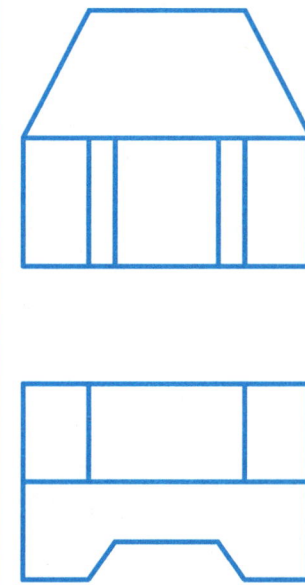

21.

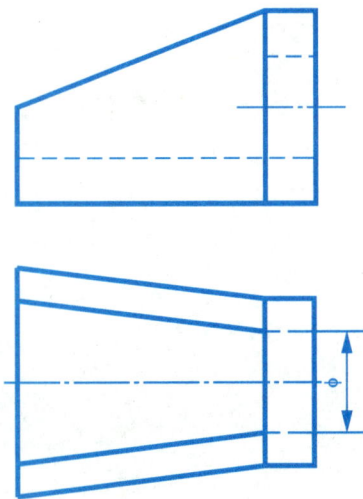

22.

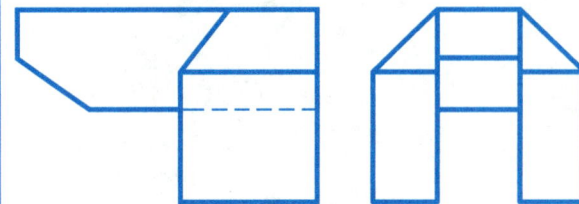

23.

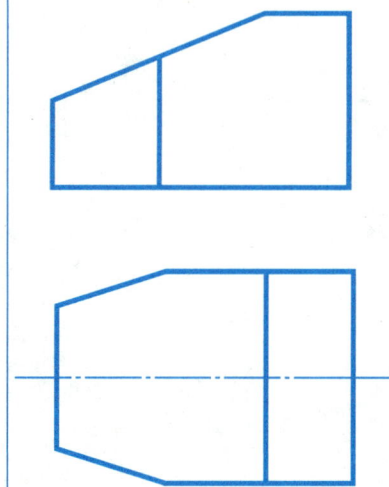

24.

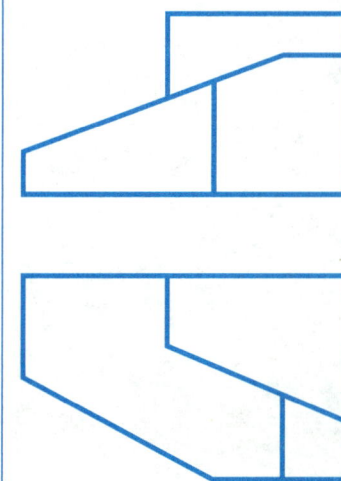

1.根据轴测图,以箭头所指方向作为正视图的投影方向,在指定位置画出六面基本视图。

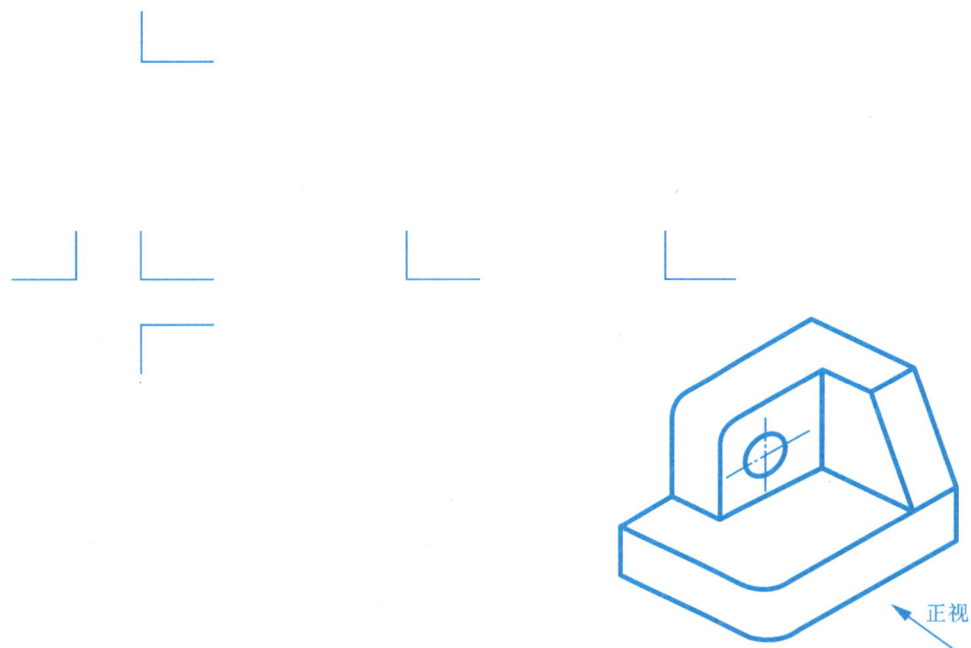

正视

2.在指定位置画出A向视图。

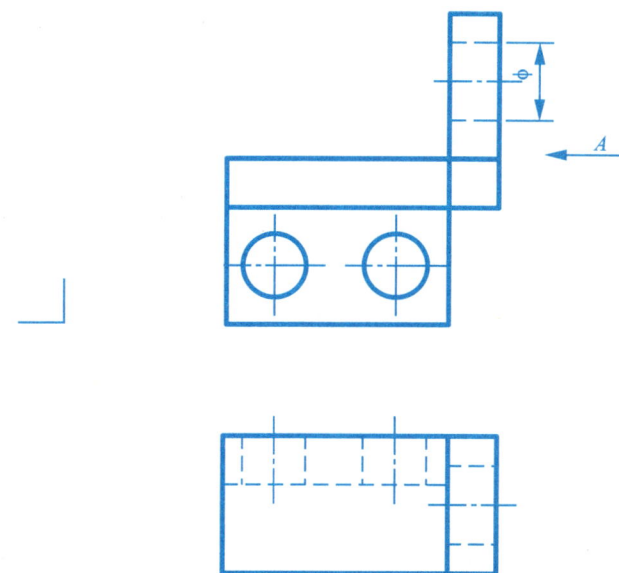

A

3.选择正确的局部视图。

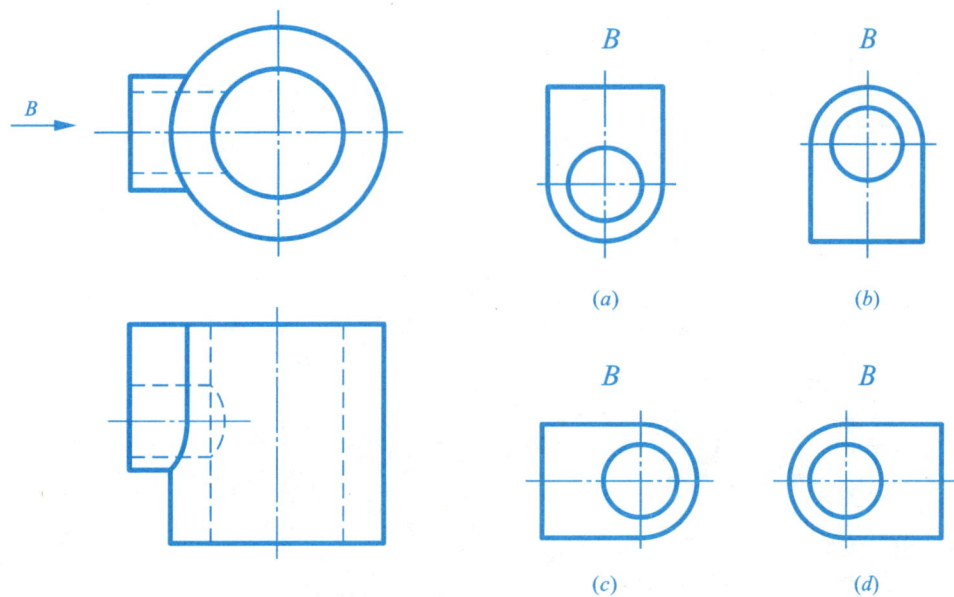

B

(a)   (b)

(c)   (d)

4.根据轴测图,画出必要的基本视图、局部视图和斜视图。

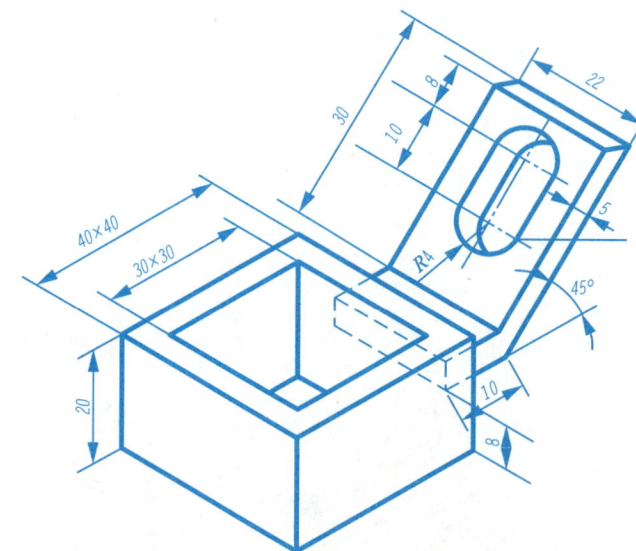

40×40
30×30
20
30
10
8
22
5
R4
45°
10
8

1.补画剖视图中的漏线。

(1)

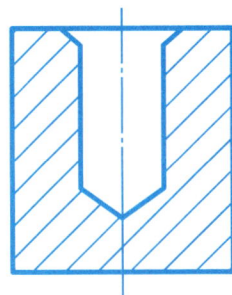

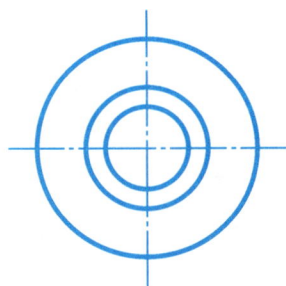

(2)

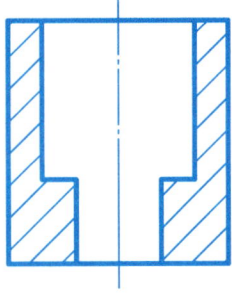

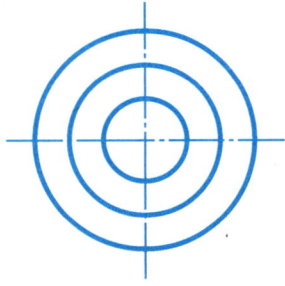

(3)

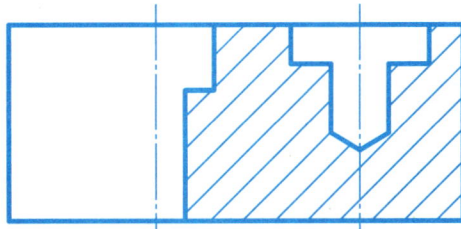

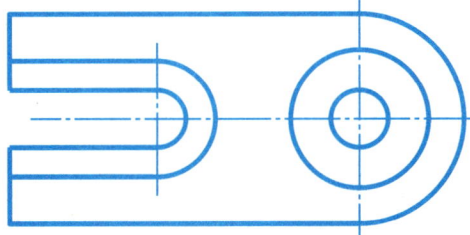

(4)

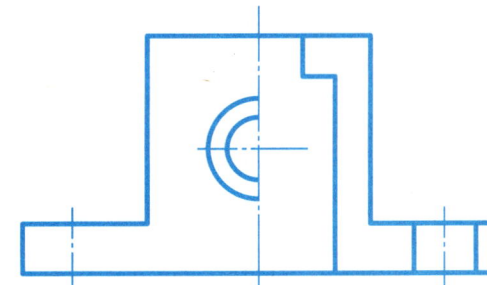

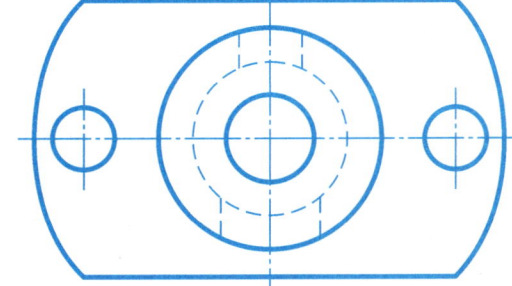

2.作1—1、2—2剖视图(材料:金属)

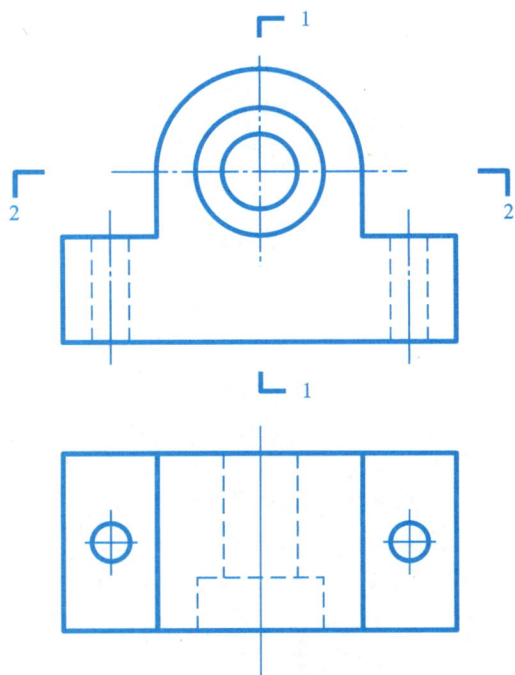

3.作1—1部视图(材料:浆砌块石)

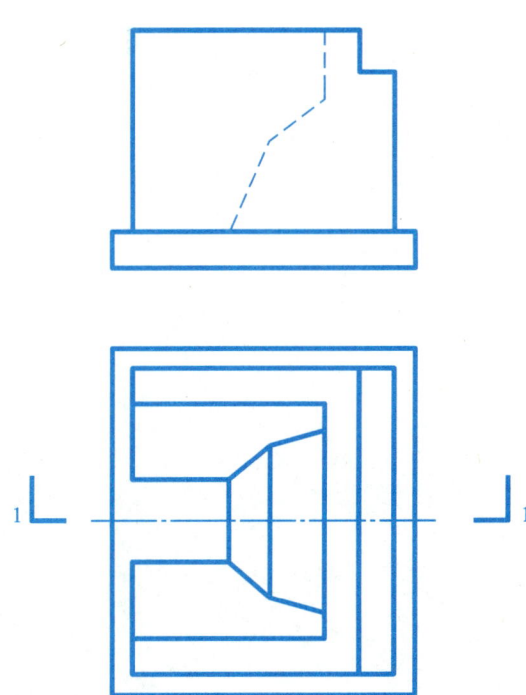

3.作出形体的2—2剖视图。

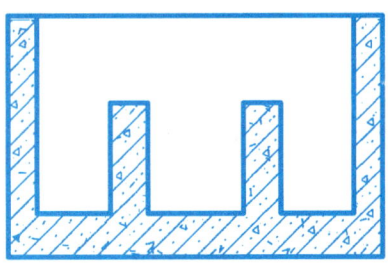

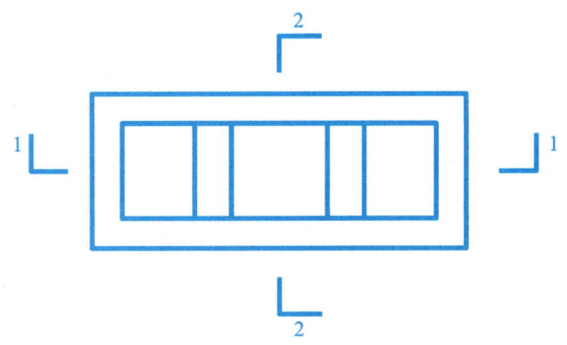

4.补画1—1全剖视图。

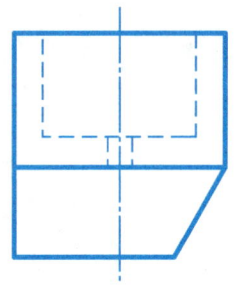

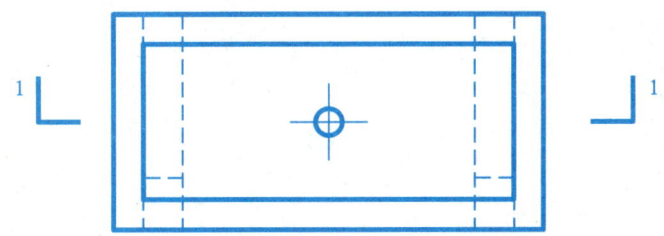

5.将下列形本的正视图改画成全剖视图。

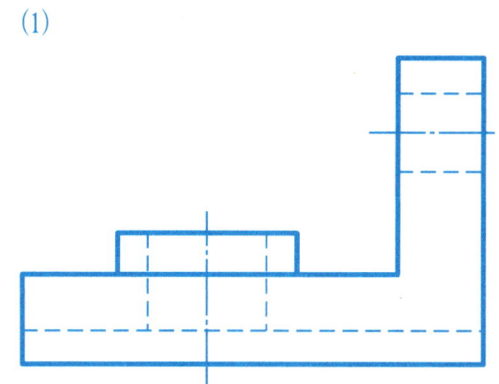

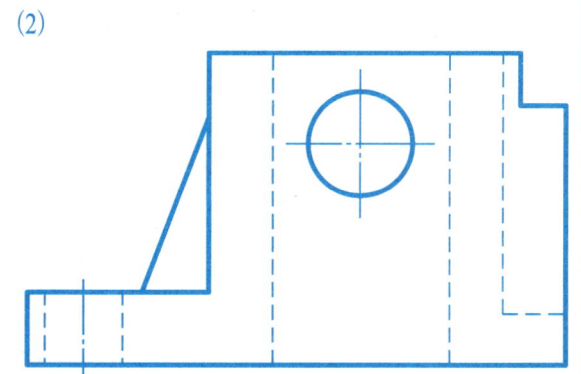

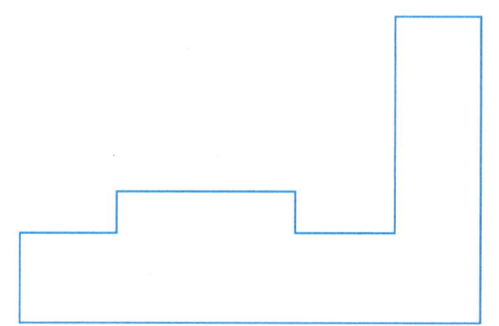

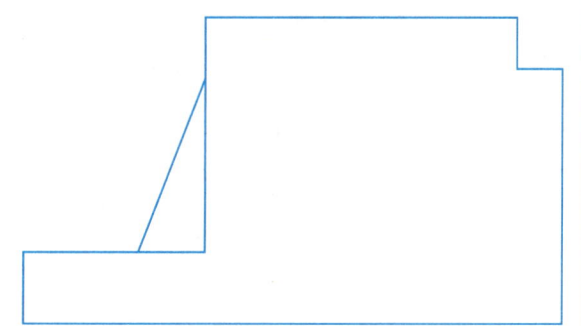

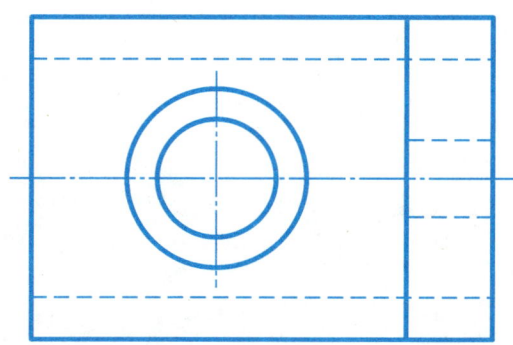

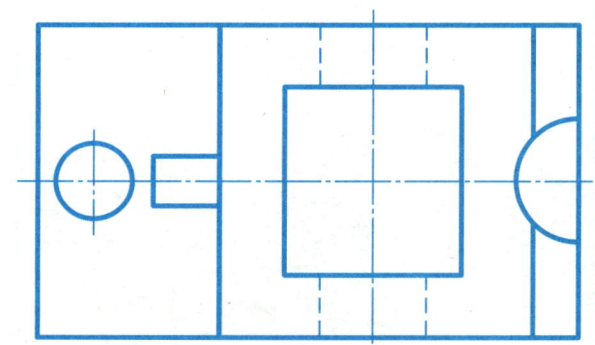

(1)

(2)

1.将正视图改画成半剖视图,并补画
  全剖左视图(材料:金属)

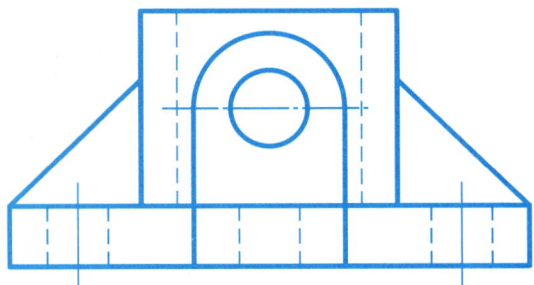

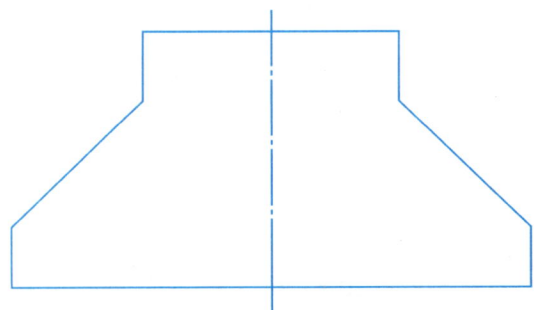
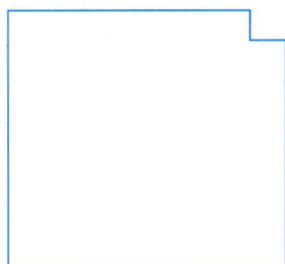

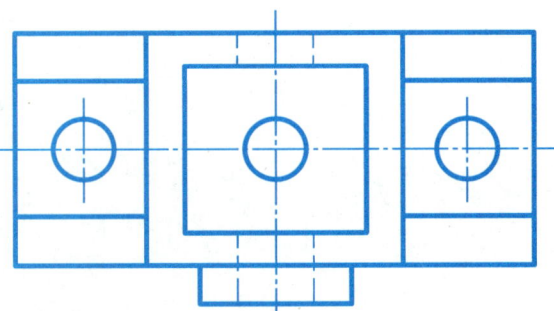

2.补画1—1、2—2半剖视图。

(1)材料:钢筋混凝土   1—1

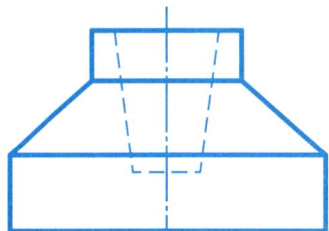

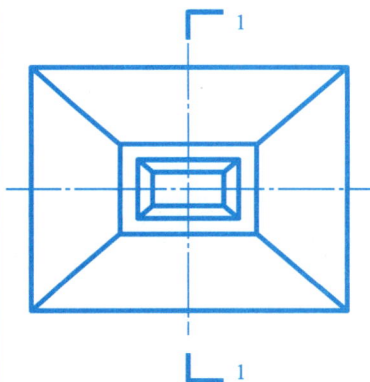

(2)材料:金属   1—1   2—2

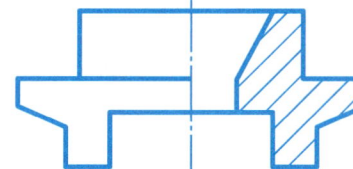

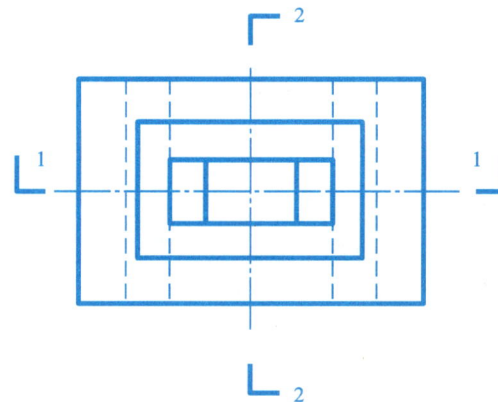

3.将正视图和左视图改局部剖视图(材料:金属)。

(1)

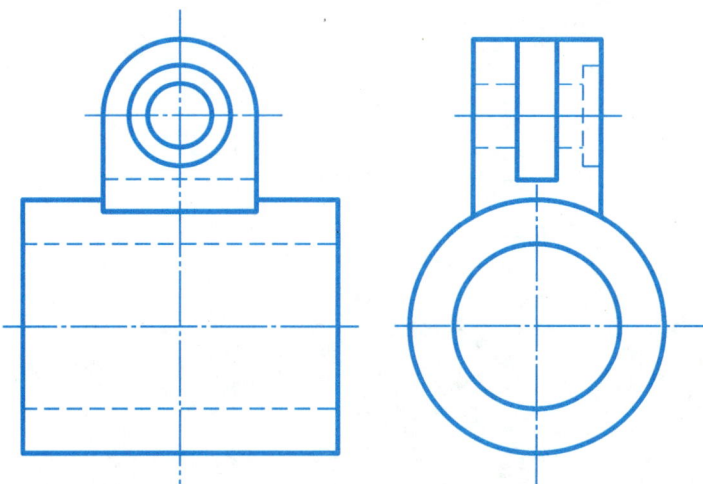

(2)

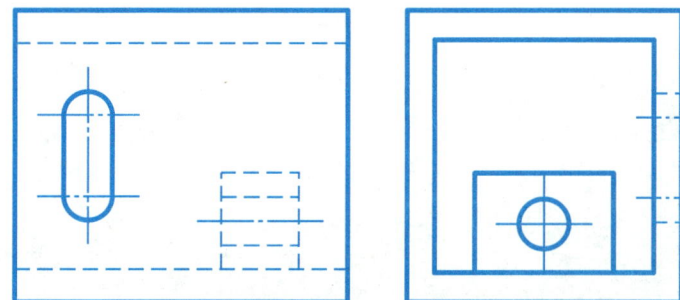

1.按指定位置将正视图改为1—1剖视图(材料:金属)。

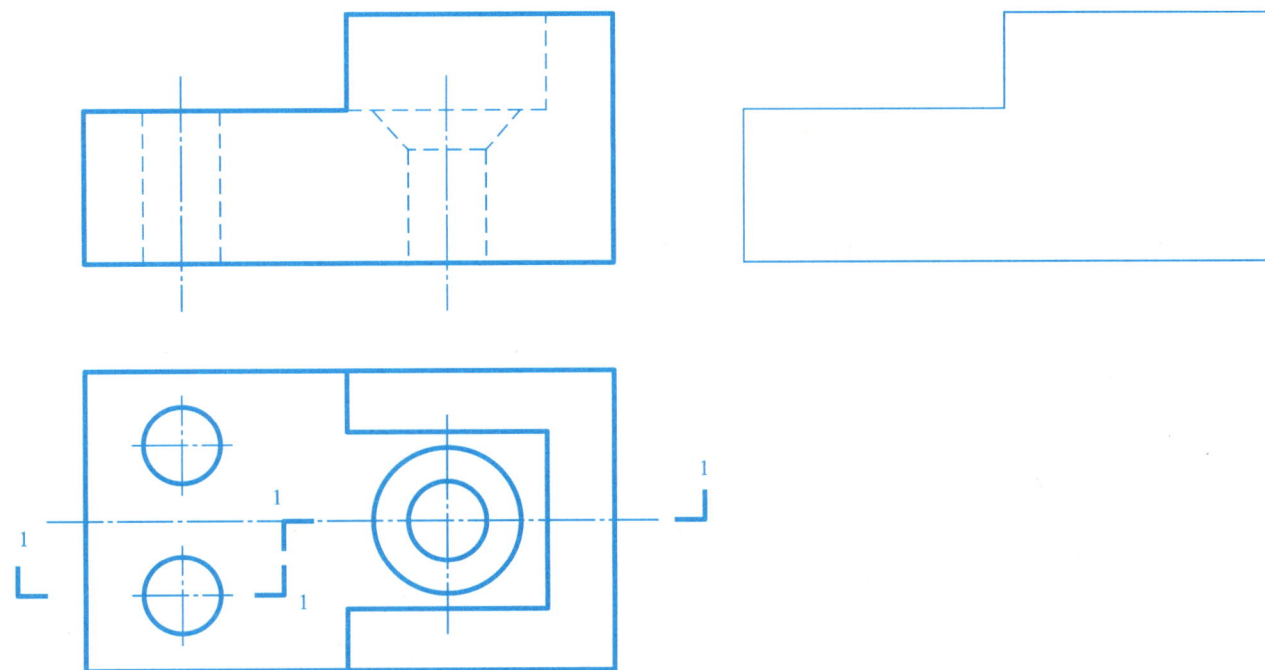

2.按指定位置将正视图改画成阶梯剖视图(材料:钢筋混凝土)。

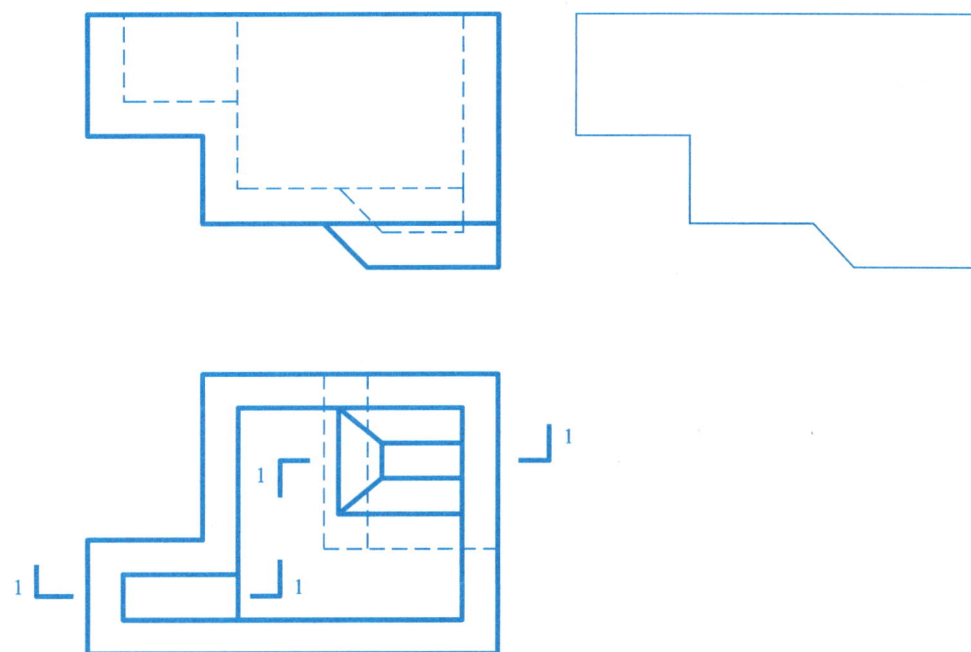

3.按指定位置将正视图改画成旋转剖视图(材料:金属)。

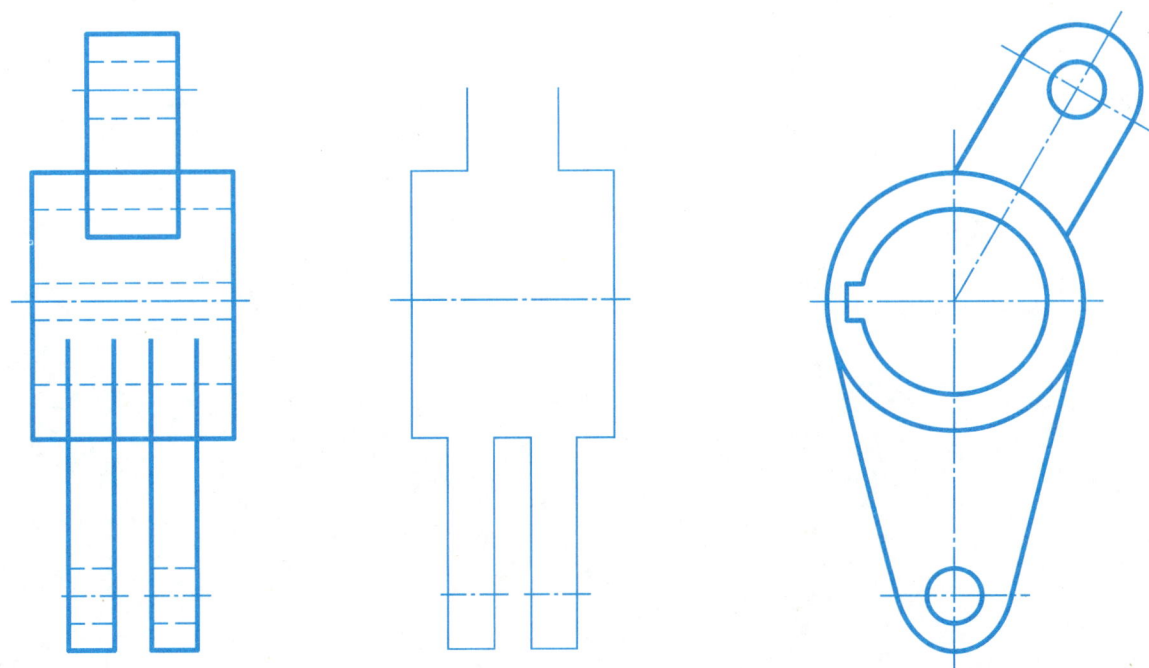

4.按指定位置将正视图改画成旋转剖视图(材料:金属)。

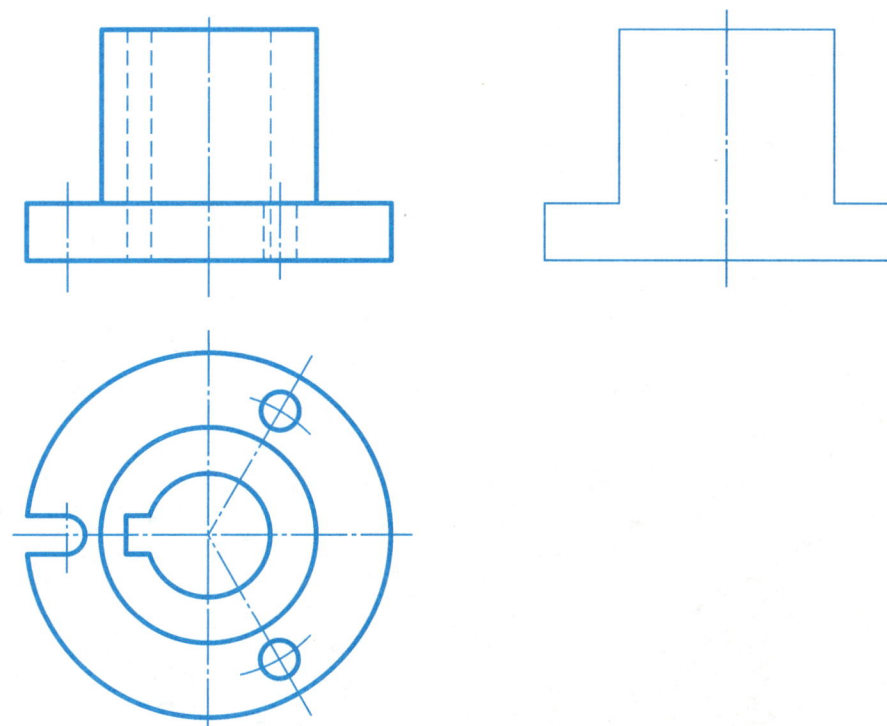

1.画出变截面梁的形体2—2、3—3的断面图剖视图(材料：钢筋混凝土)。

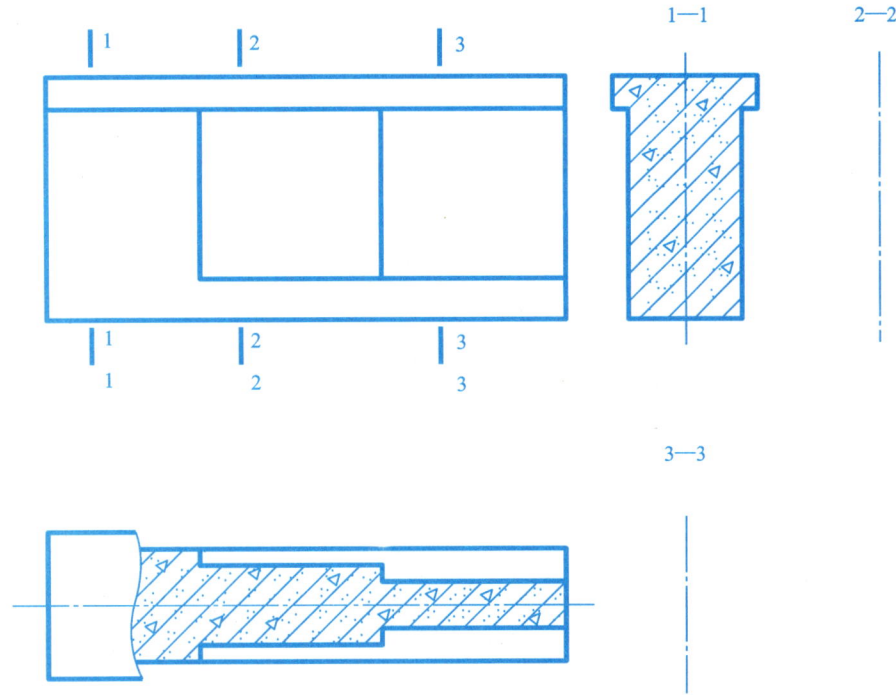

2.作柱的1—1、2—2、3—3断面图(材料：钢筋混凝土)。

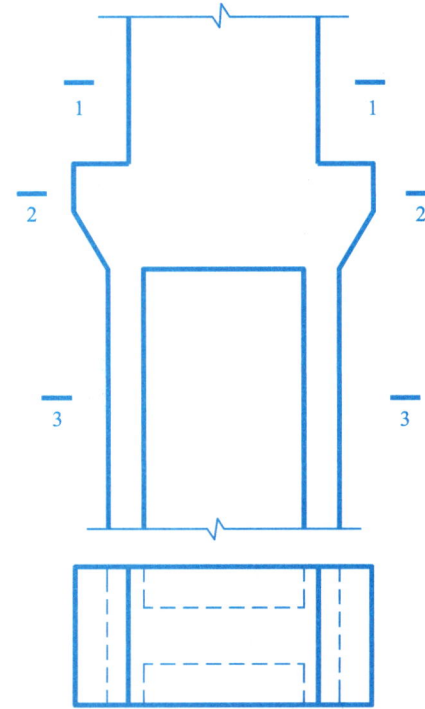

3.作梁的1—1、2—2断面图(材料：钢筋混凝土)。

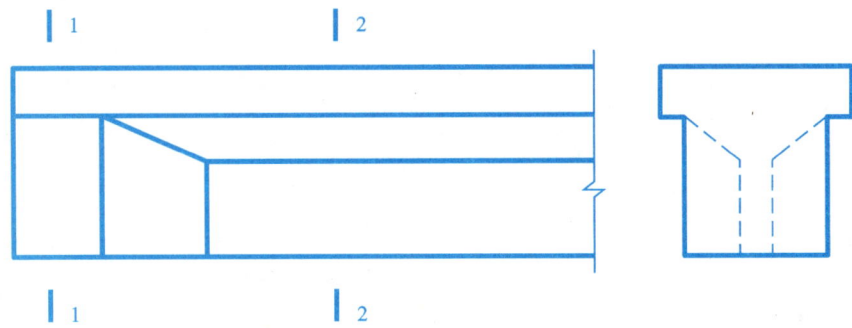

4.在指定位置画出轴的断面图(左端键槽深4mm,右端键槽深3mm)。

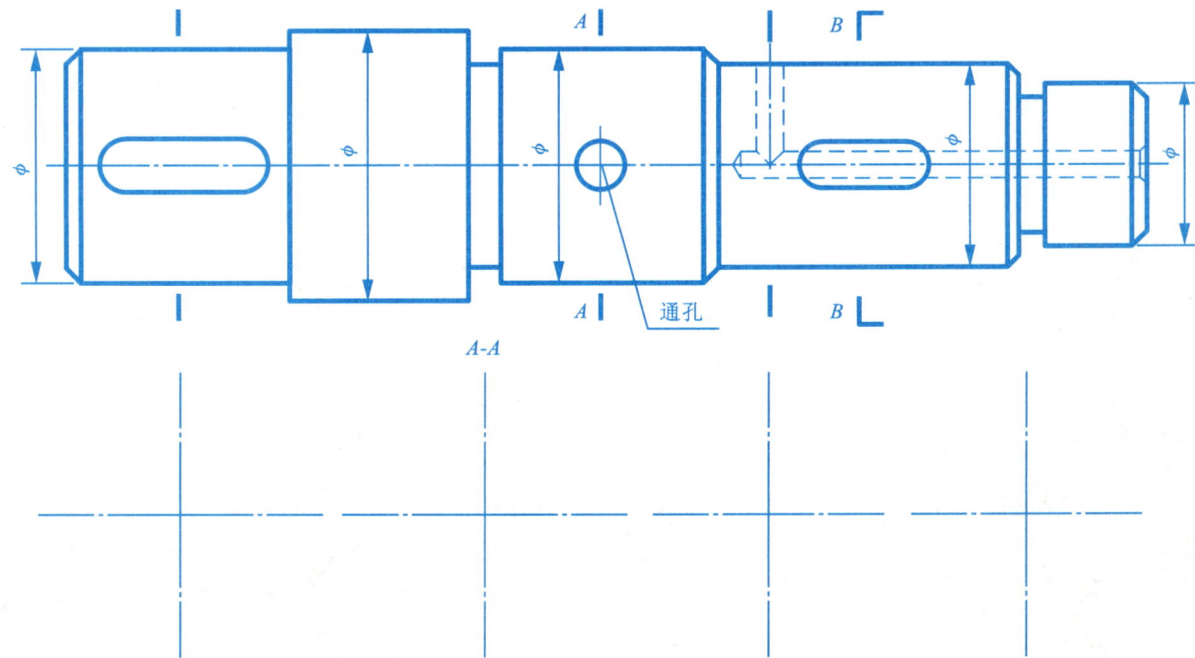

通孔

A-A

1.已知立体的主视图和俯视图,正确的左视图是( )。

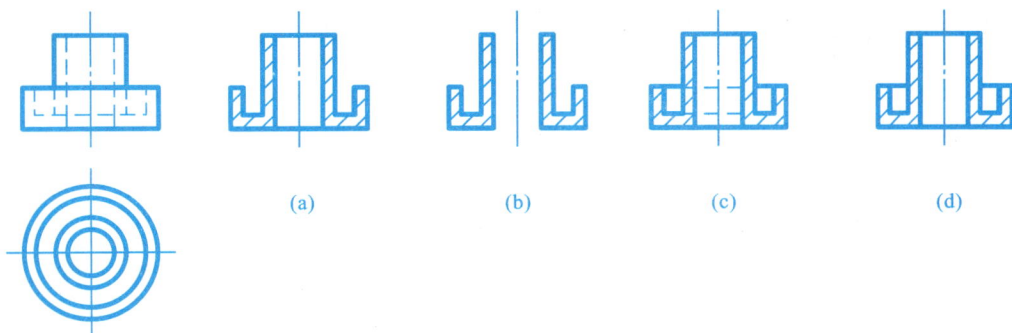

(a)   (b)   (c)   (d)

2.已知立体的主视图和俯视图,正确的左视图是( )。

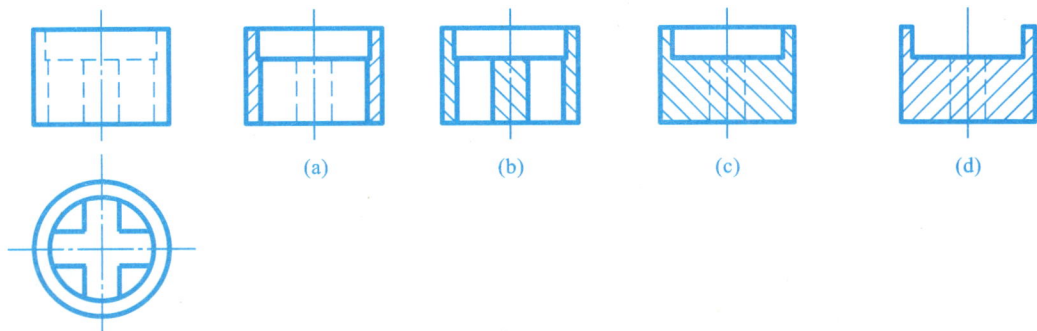

(a)   (b)   (c)   (d)

3.已知立体的主视图和俯视图,主视图的全剖视图正确的是( )。

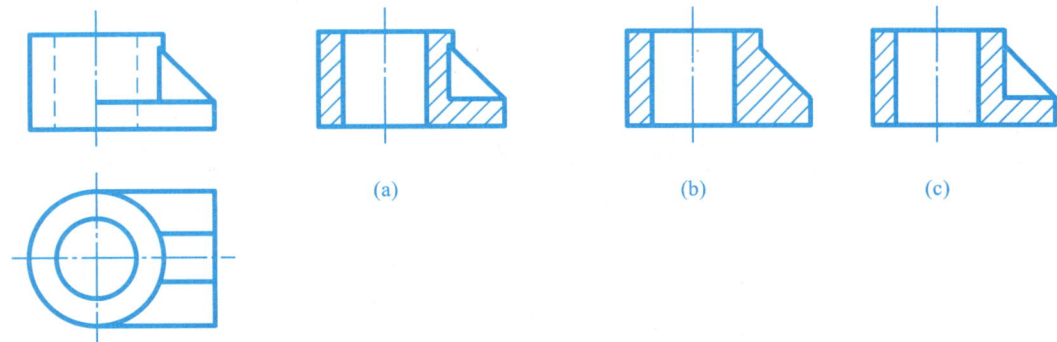

(a)   (b)   (c)

4.右边是四种不同零件的局部剖视图,正确的局部剖视图是( )。

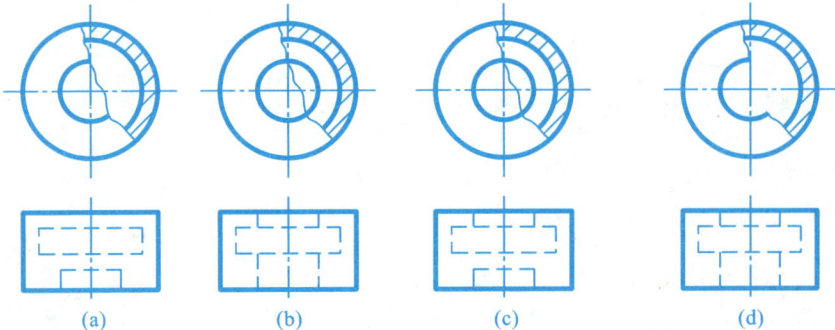

(a)   (b)   (c)   (d)

5.下列四组剖视图中,正确的是( )。

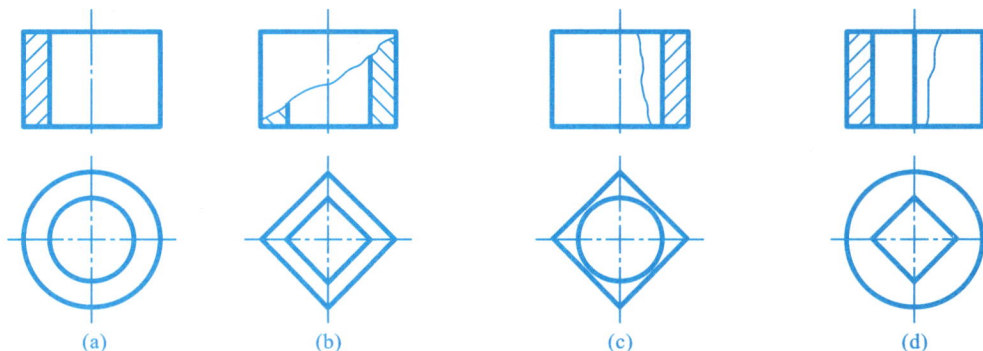

(a)   (b)   (c)   (d)

6.下列四组移出断面图中,正确的是( )。

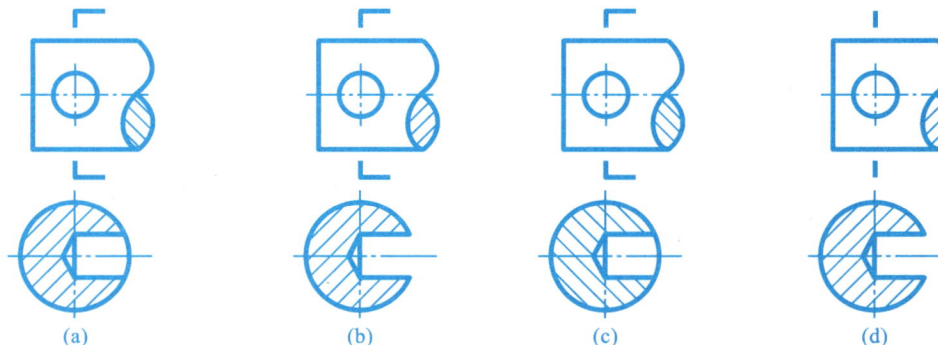

(a)   (b)   (c)   (d)

7.下列四组重合断面图中,正确的是( )。

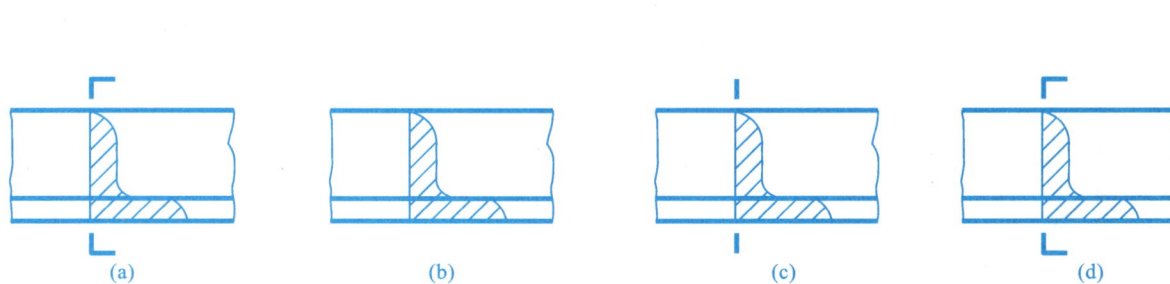

(a)   (b)   (c)   (d)

8.下列四种A—A移出断面图,正确的是( )。

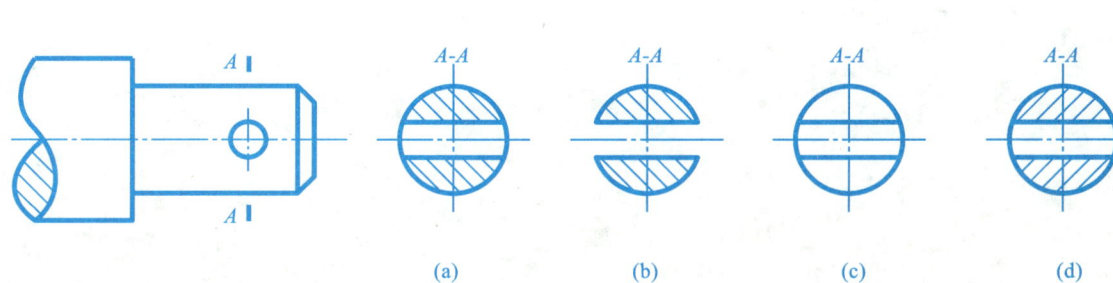

(a)   (b)   (c)   (d)

根据轴测图选择适当的表达方法,用1:10的比例在A3图纸上画出该工程形体的视图。

1.

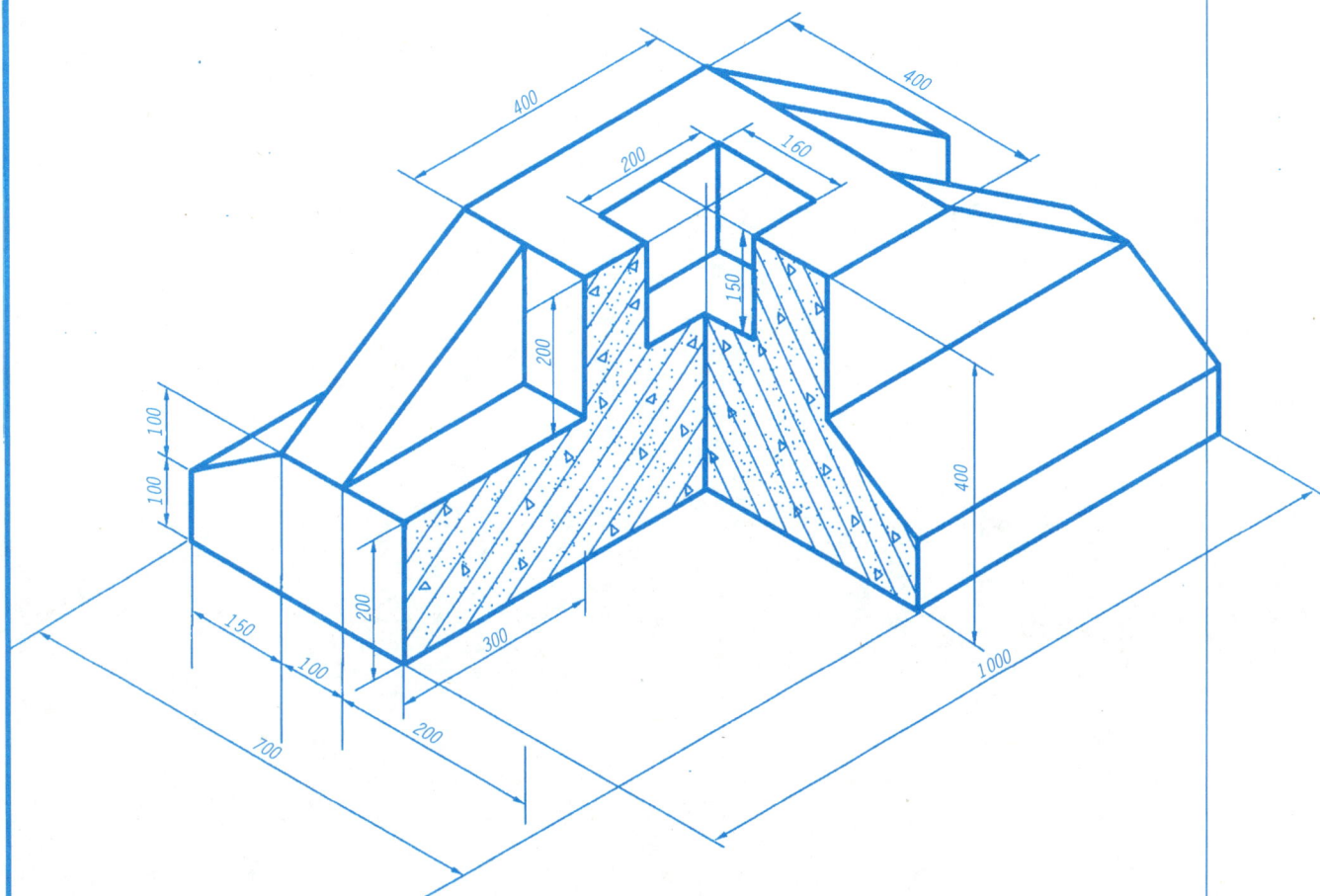

2.

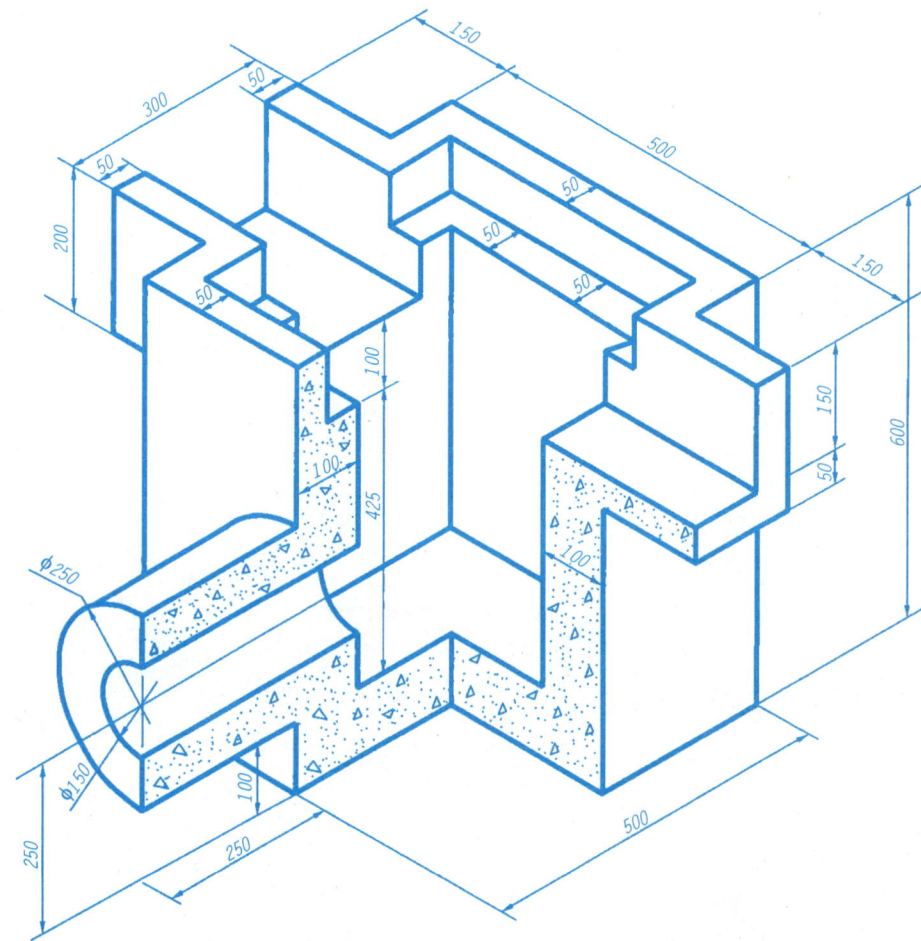

根据给定物体的特点,选择合适的表达方案,用1:1的比例画在A3图纸上。

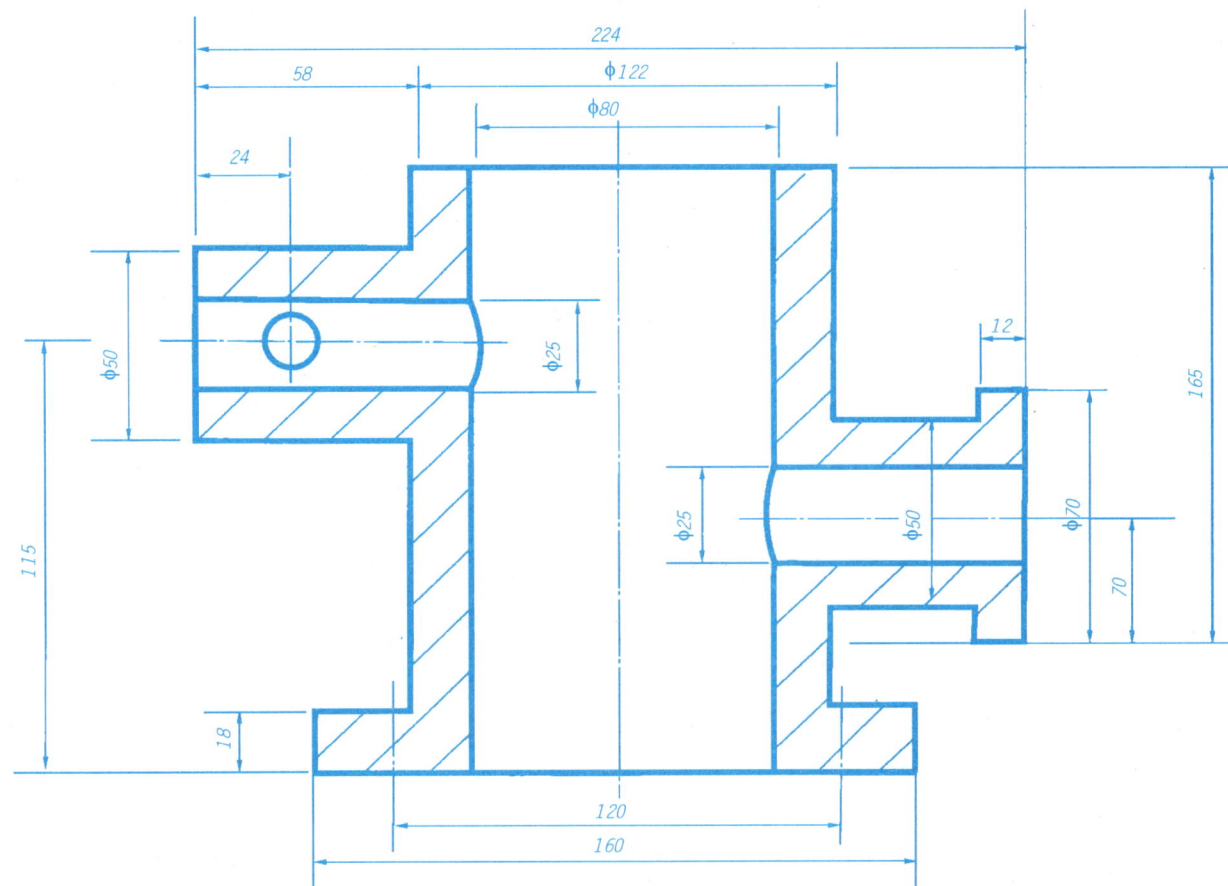

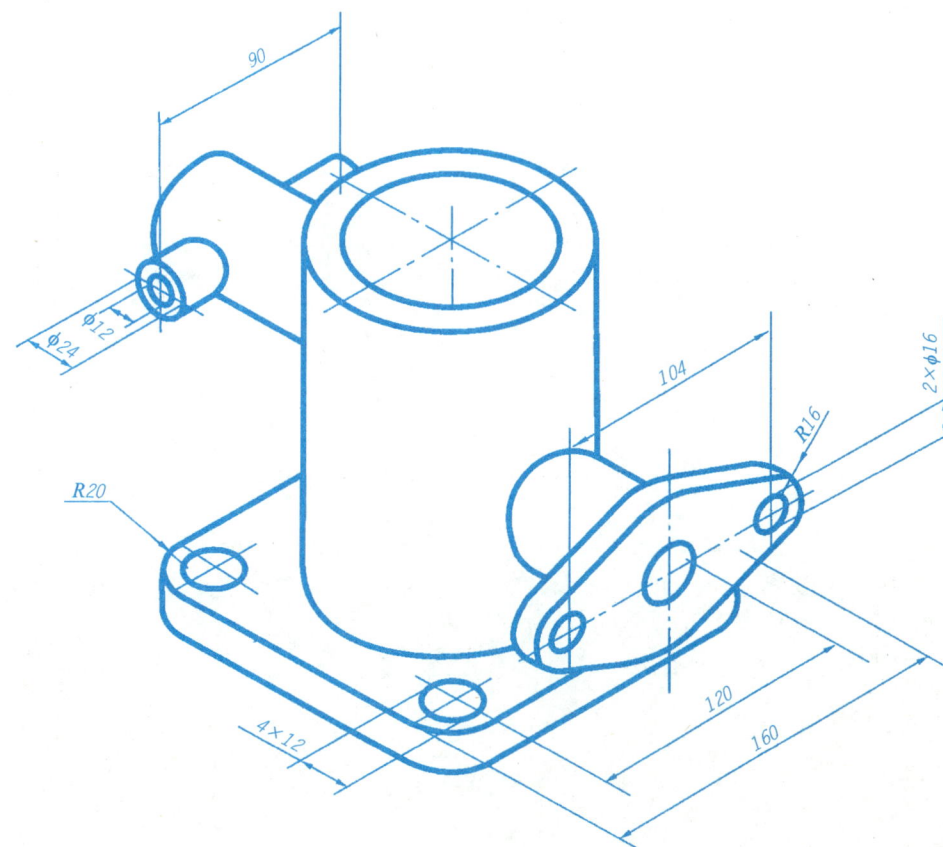

1. 已知直线 AB 两端点的高程,求该线段的坡度 i,并定出线段上高程为整数的各点,(比例 1∶100)

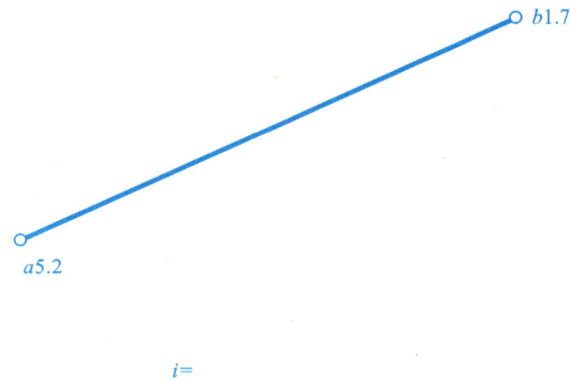

○ $b1.7$

○ $a5.2$

$i=$

2. 已知平面 ABC 三点的高程,画出该平面上高程为 5、6、7m 的等高线。(比例 1∶100)

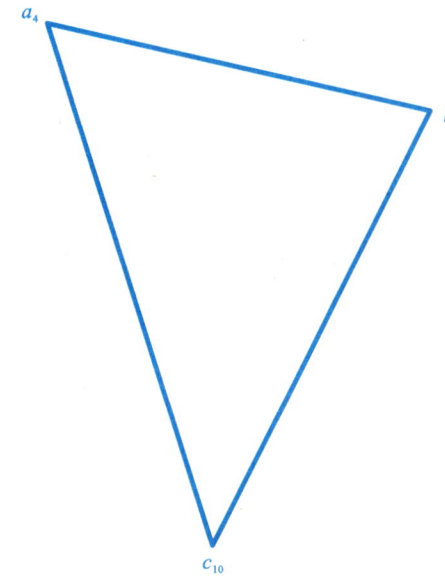

a_4

b_4

c_{10}

3. 在高程为 $-4m$ 的地面上开挖一高程为 $-6m$ 的基坑,挖方边坡为 2∶1,求作开挖线及坡面交线。(比例 1∶100)

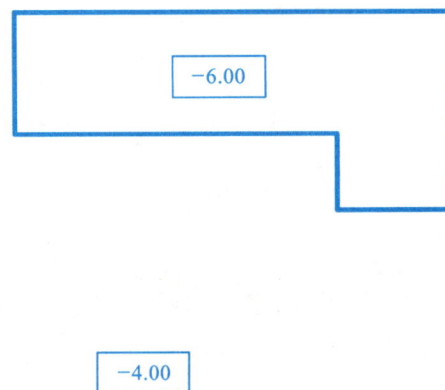

-6.00

-4.00

4. 在高程为 $-4m$ 的地面上开挖一高程为 $-6m$ 的基坑,挖方边坡为 2∶1,求作开挖线及坡面交线。(比例 1∶100)

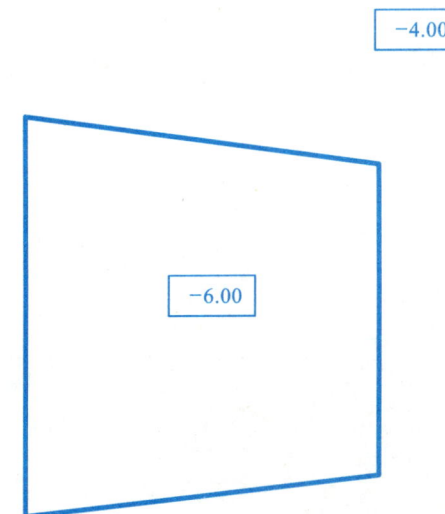

-4.00

-6.00

1.在高程为0m的地面上筑一高程3m的平台,下图均为平台一角,求作坡脚线及坡面交线。(比例1：100)

(1)

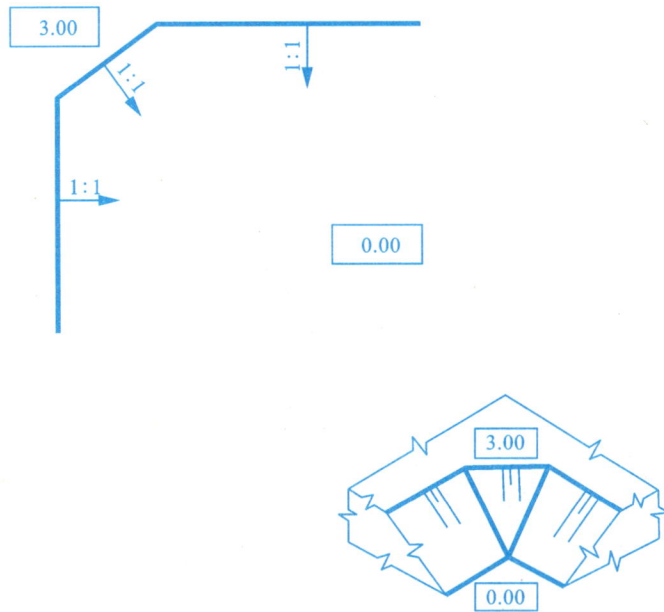

(2)

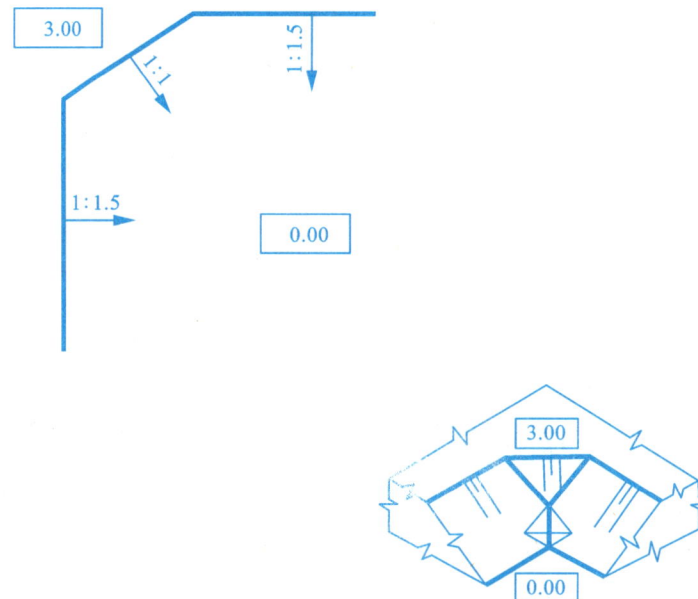

(3)

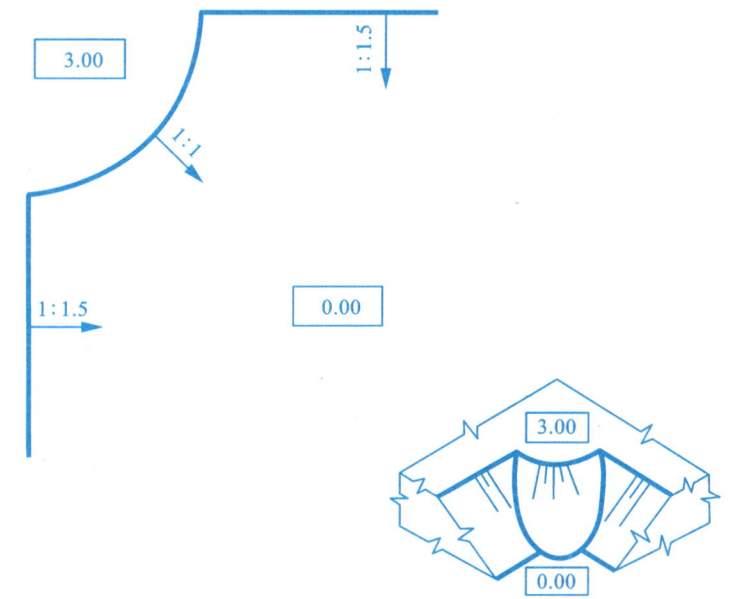

2.用一斜坡引道连接平台与地面,高程及边坡如图所需,求作坡脚线及坡面交线。

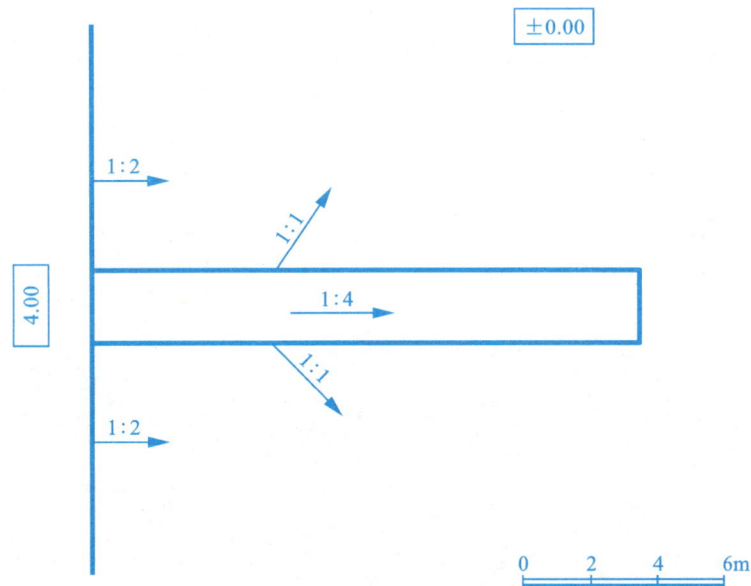

3.求作坝顶、坝面与河底、河岸间的交线。

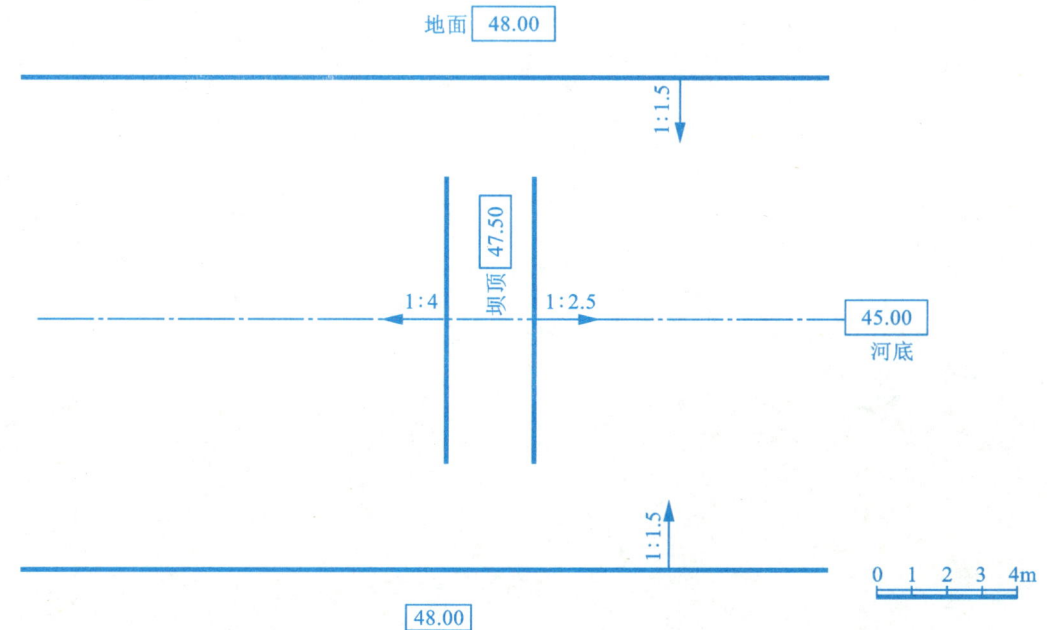

1.已知土坝设计断面、地形图和坝轴线位置,求作:
  (1)土坝平面图
  (2)土坝及地形的1—1断面(比例1:1000)

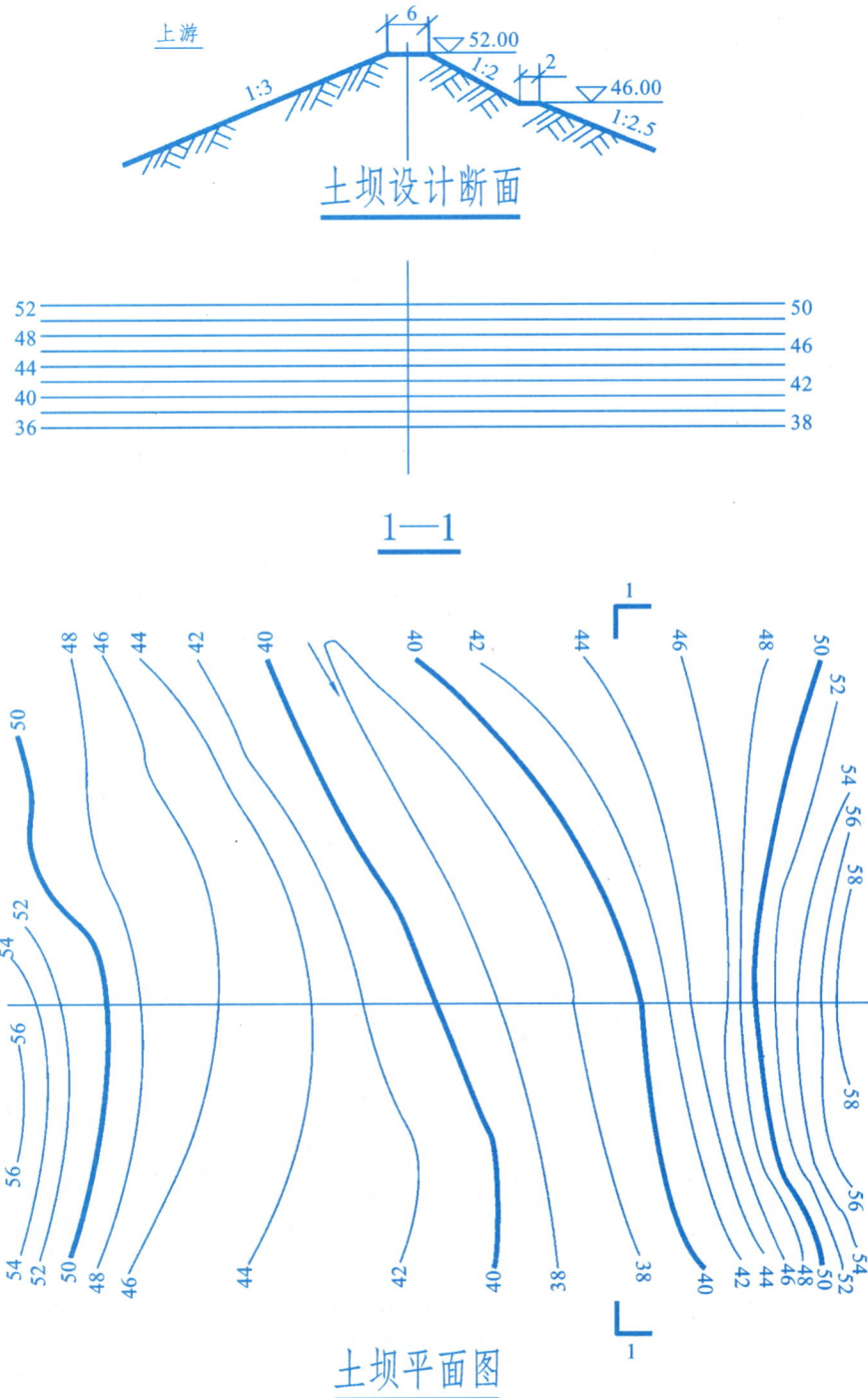

上游

6

▽52.00

1:3　1:2　1:2　▽46.00
　　　　　　　　　1:2.5

土坝设计断面

52　　　　　　　　50
48　　　　　　　　46
44　　　　　　　　42
40　　　　　　　　38
36

1—1

土坝平面图

2.在同坡上开筑一水平场地,其高程为121m,已知挖方边坡1:1,填方边坡为1:1.5,
  求开挖线、坡脚线和坡面交线。(比例1:200)

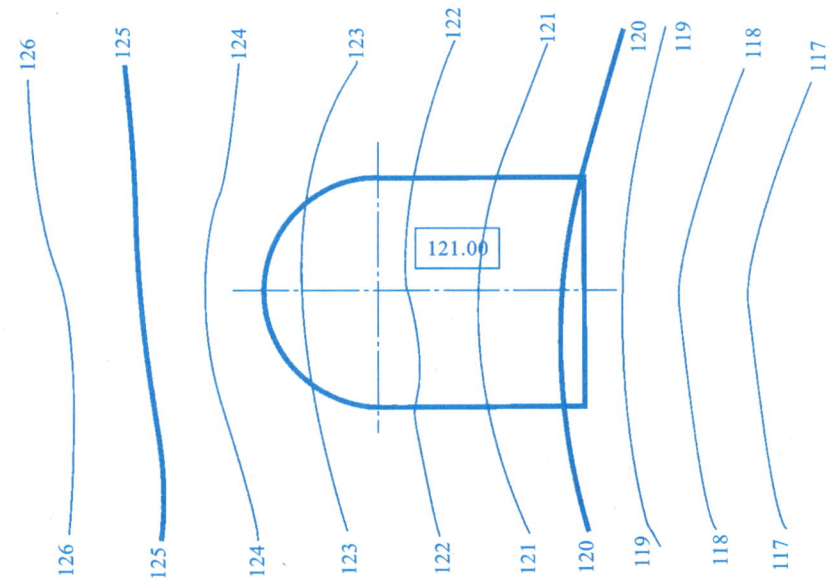

121.00

3.已知路面高程为46m,填方坡度2:3,挖方坡度1:1,求坡面与地形面的交线。

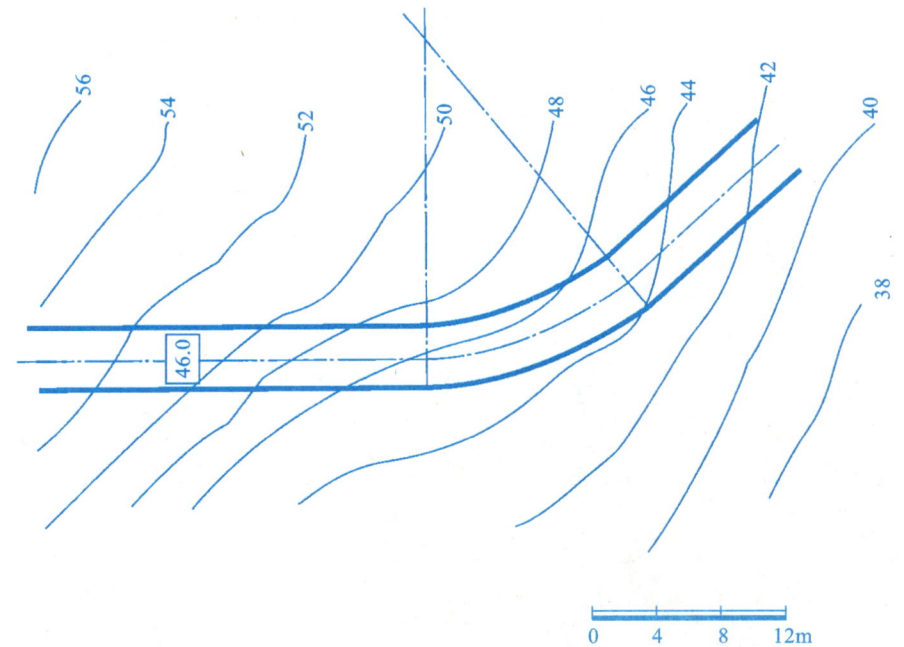

46.0

0　4　8　12m

1. 求斜椭圆柱上A、B、C三点的水平投影。

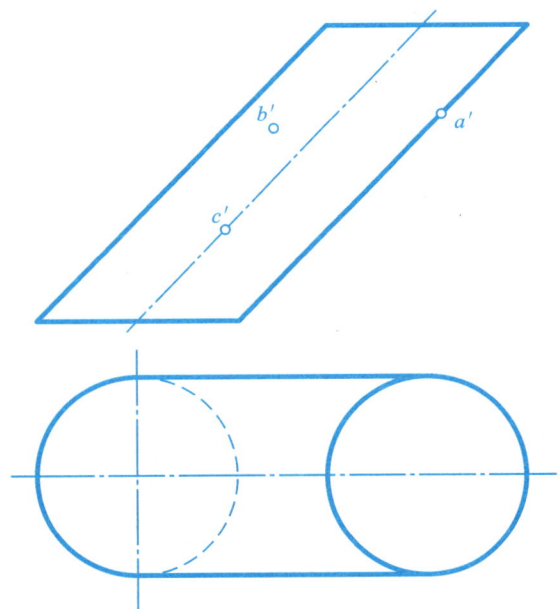

2. 完成斜椭圆锥的两面投影。

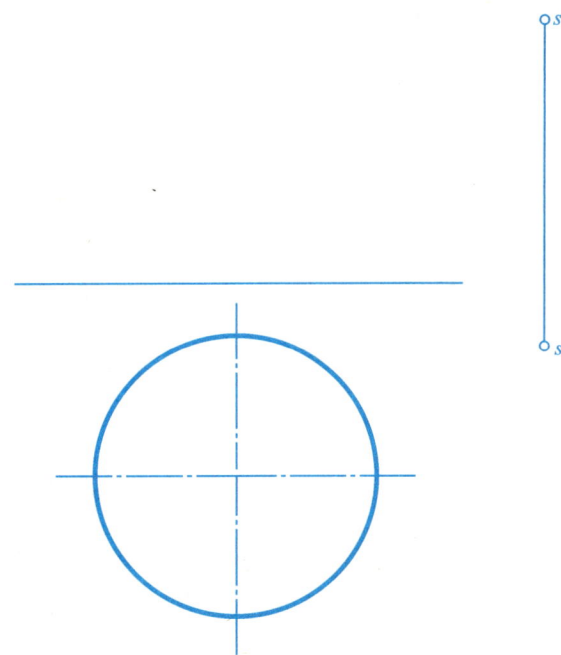

3. 求护坡处正圆柱与斜坡面的交线。

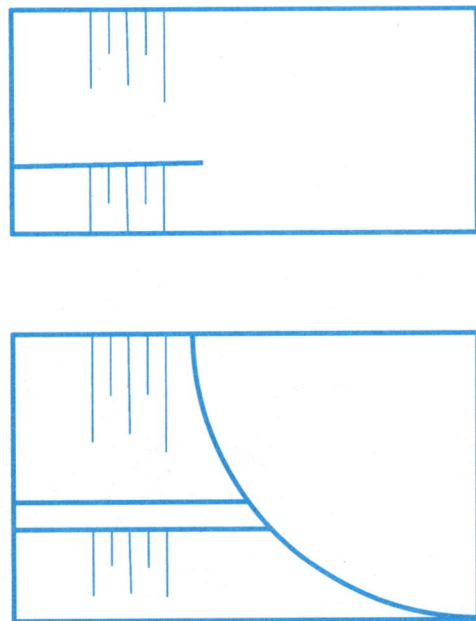

4. 求渠道接头处1/4正圆锥与斜坡面的交线。

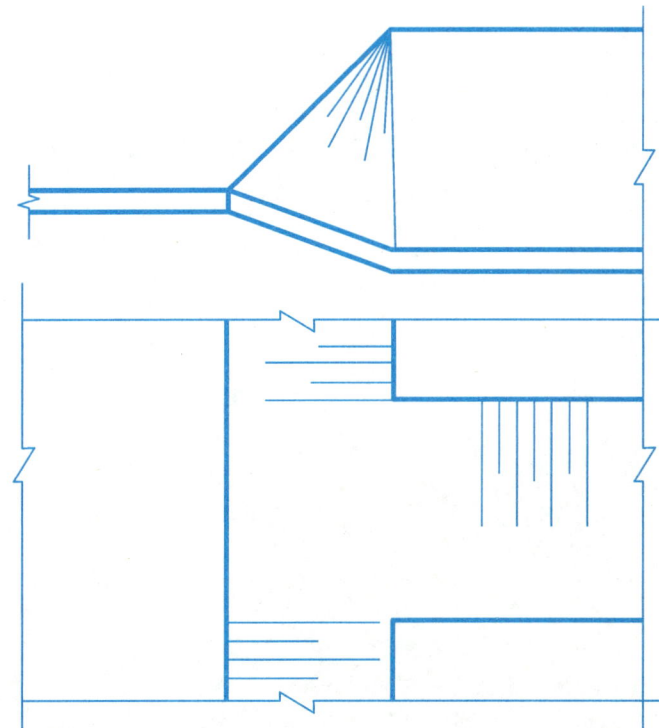

1.画出组合面的1—1、2—2断面图。

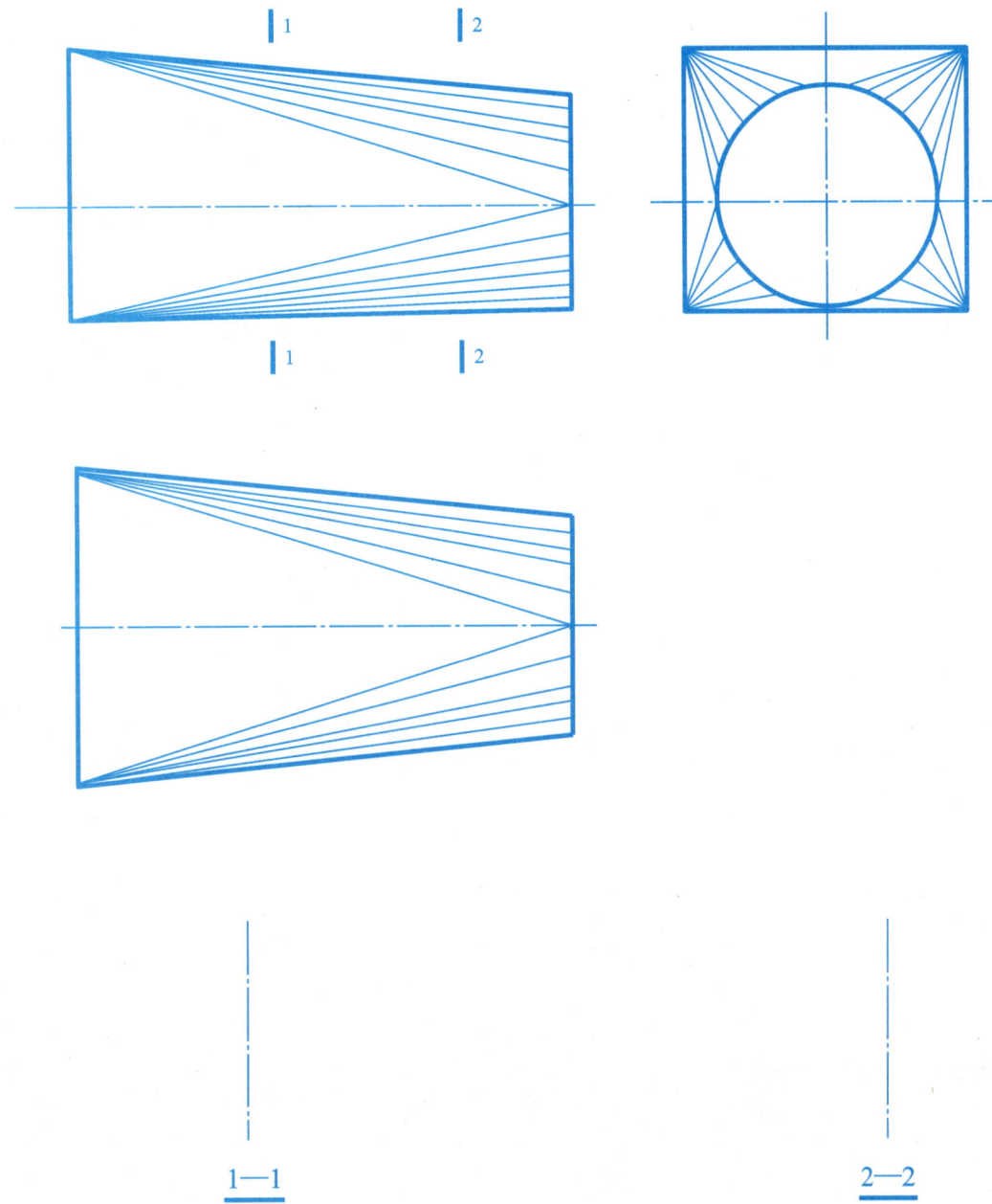

2.画出扭曲面翼墙段的A—A剖视图和B—B、1—1、2—2断面图。

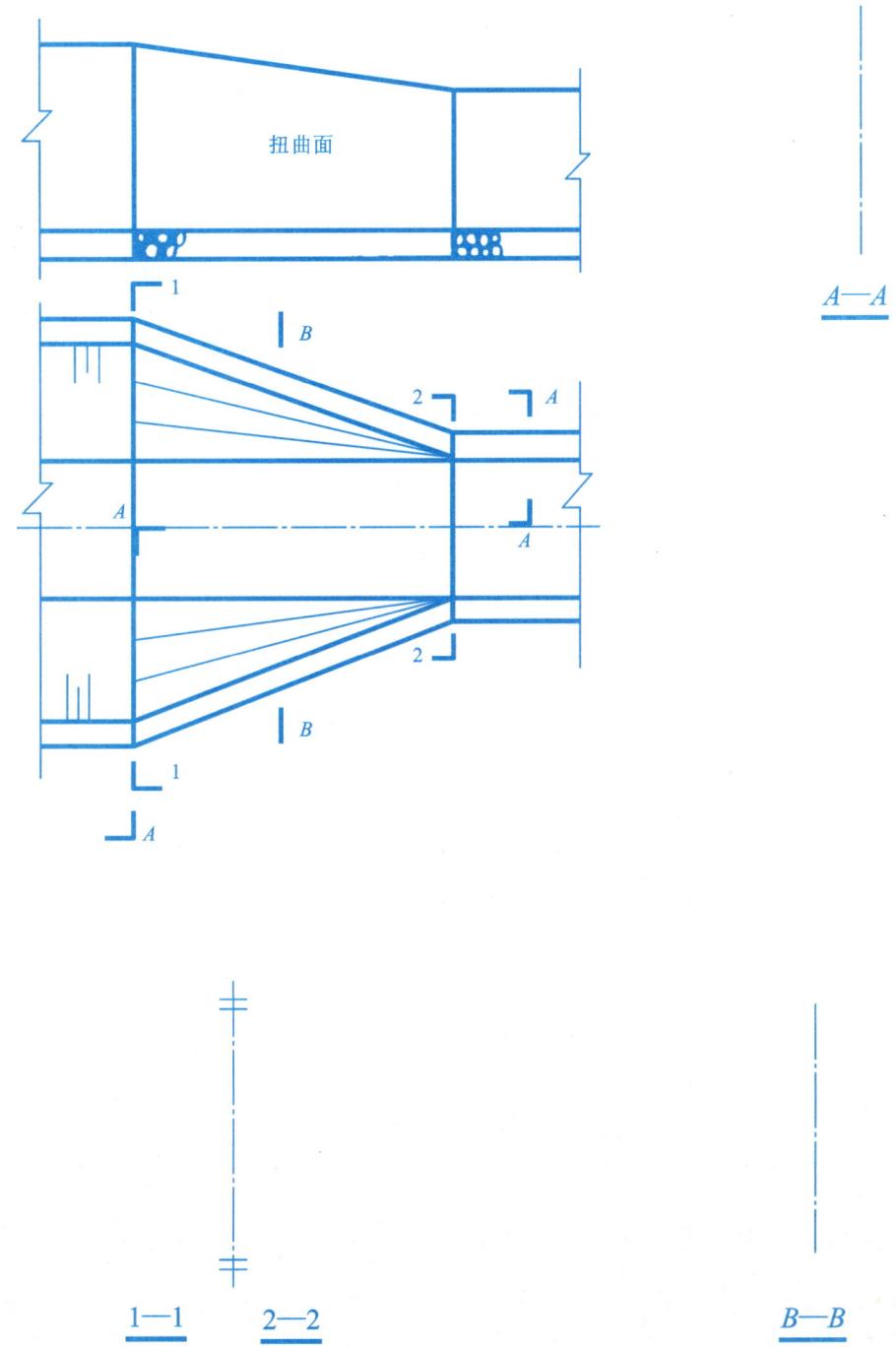

扭曲面

1—1

2—2

A—A

1—1　2—2

B—B

1.阅读钢筋混凝土板的结构图,在钢筋表内填写各种钢筋的编号、直径和根数,并画出示意图。

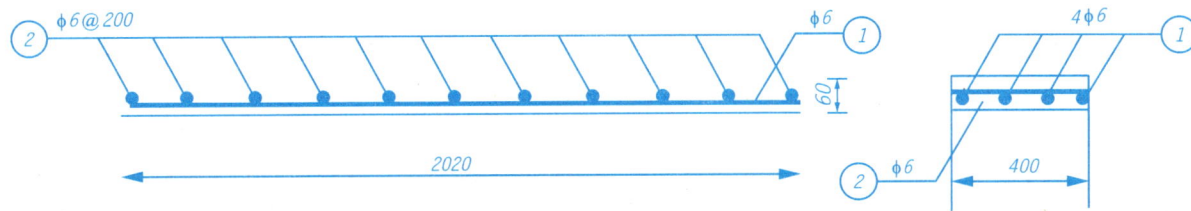

② φ6@200　　　　　　　　　　　φ6 ①

60

2020

4φ6 ①

② φ6

400

钢筋表

编号	示意图	直径	根数

2.画出钢筋混凝土结构梁的2—2、3—3剖面图。

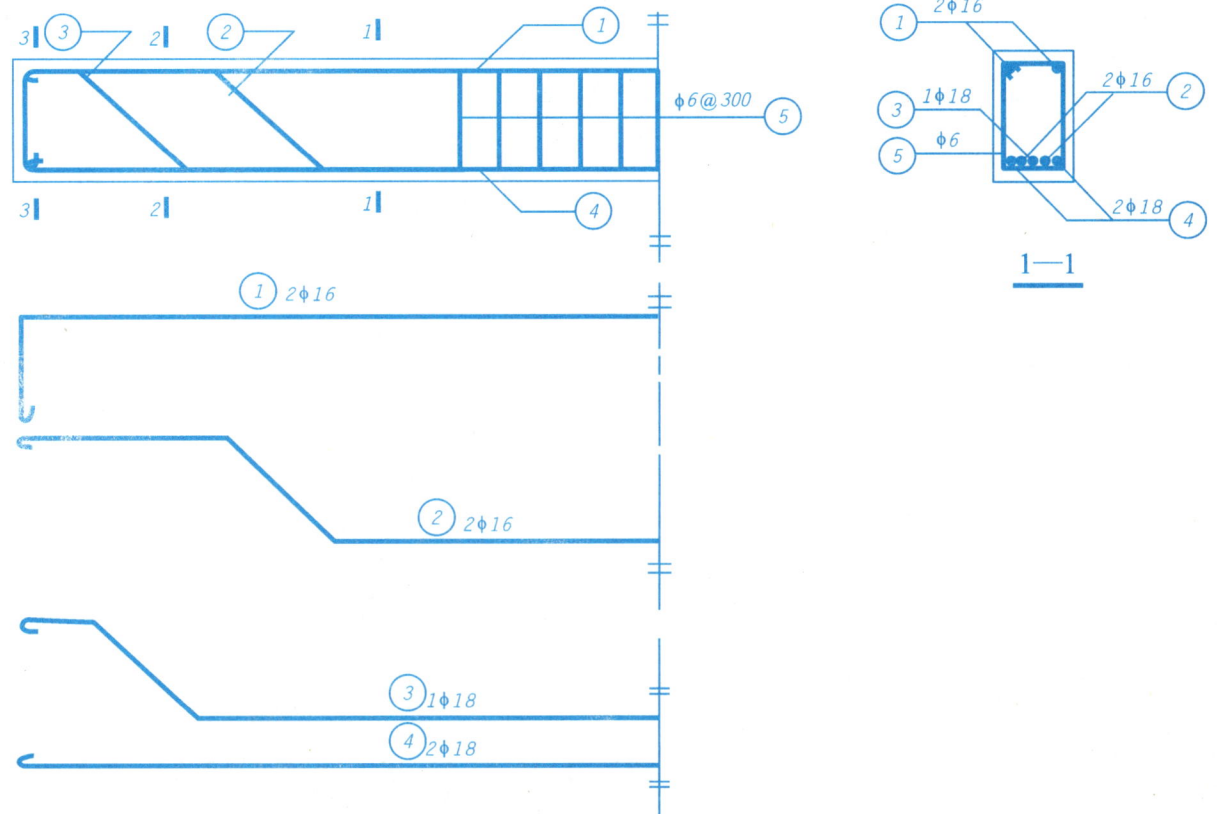

3 ③　2 ② 　1 ① 　φ6@300 ⑤

3 　2 　1 ④

① 2φ16
② 2φ16
③ 1φ18
④ 2φ18

① 2φ16
③ 1φ18
⑤ φ6

② 2φ16
④ 2φ18

1—1

⑤ φ6@300

2—2　　　3—3

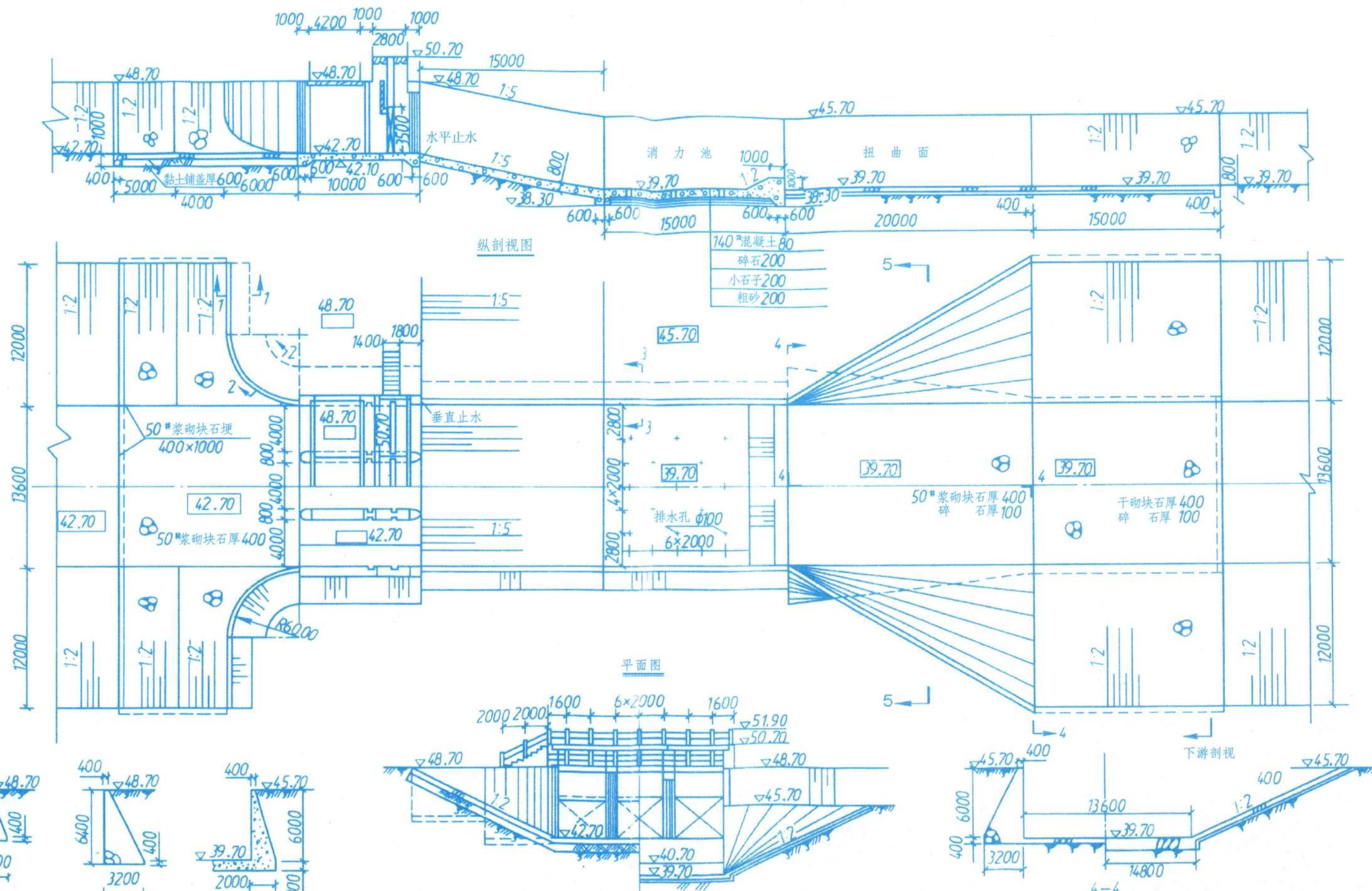

纵剖视图

消力池

扭曲面

水平止水

黏土铺盖厚600

140#混凝土80
碎石200
小石子200
粗砂200

50#浆砌块石埂
400×1000

垂直止水

50#浆砌块石厚400

排水孔 Φ100
6×2000

50#浆砌块石厚400
碎石厚100

干砌块石厚400
碎石厚100

平面图

上游立面图

下游立面图

下游剖视

1—1

2—2

3—3

4—4

水闸设计图

比例 1∶100
图号 01

制图
审核

湖北水利水电职业技术学院

一、水闸读图填空(见9-3水闸设计图):

1. 水闸是一种 _____ 的水工建筑物。其作用的是 _____ 、 _____ 。该水闸由 _____ 三部分组成。

2. 该水闸用平面图、 _____ 和 _____ 剖视图及 _____ 断面图来表达。

3. 平面图前半部分采用 _____ 表示法。闸室段的工作桥和交通采用 _____ 表示法4-4 剖视图采用 _____ 画法。

4. 上游连接段的断面形状是 _____ 、用 _____ 材料。消力池和海漫所用的材料分别是 _____ 和 _____ 。

5. 闸室的长 _____ m,宽 _____ m有 _____ 孔。底板顶面高程 _____ m。

6. 下游连接段采用 _____ 结构对河渠底部进行保护和消能。

二、单项选择题

1. 水工图是用于什么事业的图。(　　)

   a)交通事业　　　b)建设建筑事业　　c)水利事业　　d)城市给水事业

2. 地形图是在什么阶段绘制的。(　　)

   a)施工　　　b)初步设计　　c)技术设计　　d)勘测

3. 下列哪个图是规划图,(　　)

   a)房屋的平面图　b)灌区的平面图　c)钢筋分布图　d)上下游立面图

4. 建筑结构图是在什么阶段绘制的。(　　)

   a)规划设计　　b)施工设计　　c)技术设计　　d)勘测设计

5. 下列哪个图是施工阶段绘制的。(　　)

   a)地质图　　b)枢纽布置图　　c)土坝平面图　　d)基础开挖图

6. 竣工图是在什么阶段绘制的。(　　)

   a)施工阶段　　b)规划阶段　　c)竣工阶段　　d)初设阶段

7. 圆柱曲线的素线投影画法是(　　)

   a)从轴线到轮廓线之间,由稀到密地画细实线　　b)在曲面的投影范围等分画素线

   c)按视图中间密,两边稀画素线　　d)按中间稀,两边密画粗实线素线

8. 圆锥曲面上素线应该:是(　　)

   a)不过锥顶　　b)通过锥顶　　c)粗实线　　d)同心圆

9. 扭曲面侧面投影上的素线是(　　)

   a)平行于水平面　　b)平行于侧平面　　c)平行于正平面　　d)是一般位置线

10. 坝体平面布置图上的水流方向应该是(　　)

    a)从左到右　　b)从下向上　　c)自上而下　　d)任意方向

11. 水闸沿长度方向的剖视是(　　)

    a)横剖视图　　b)局部剖视图　　c)纵断面图　　d)纵剖视图

12. 扭曲面边墙中间的剖面形状是(　　)

    a)矩形　　b)平行四边形　　c)菱形　　d)梯形

13. 水闸的平面图沿对称线只画一半是(　　)

    a)半剖视图　　b)省略画法　　c)纵剖视图　　d)全剖视图

14. 水闸一半画上游半立面,一半画下游半立面的视图是(　　)

    a)阶梯剖视　　b)半剖视图　　c)纵向视图　　d)合成视图

15. 沿水闸的圆弧中心线剖切开,画出"剖视图"的投影方法是(　　)

    a)正投影法　　b)平行投影法　　c)柱面投影法　　d)中心投影法

16. 某水闸平面图上,在中心线两侧一半画有桥,一半没画桥,这是(　　)

    a)采用拆卸画法　　b)只画半个桥　　c)画图的失误　　d)投影错误

17. 某水闸平面图上的消力池中排水孔,已经画出几个圆孔,其余的只画出中心线,采用的是什么画法,(　　)

    a)省略画法　　b)拆卸画法　　c)折断画法　　d)示意画法

18. 水闸纵剖视中,剖切平面剖到了闸墩,闸墩应按什么画。(　　)

    a)剖面图　　b)剖视图　　c)不受剖画法　　d)立面图

19. 配筋图采用的投影方法是(　　)

    a)中心投影法　　b)正投影法　　c)轴测投影法　　d)斜投影法

20. 钢筋混凝土结构剖面图上应该(　　)

    a)画材料符号　　　　　　b)把结构轮廓画成粗实线

    c)把钢筋投影画成虚线　　d)把结构轮廓画成细实线

抄绘底层平面图,比例1:100,图幅自定。

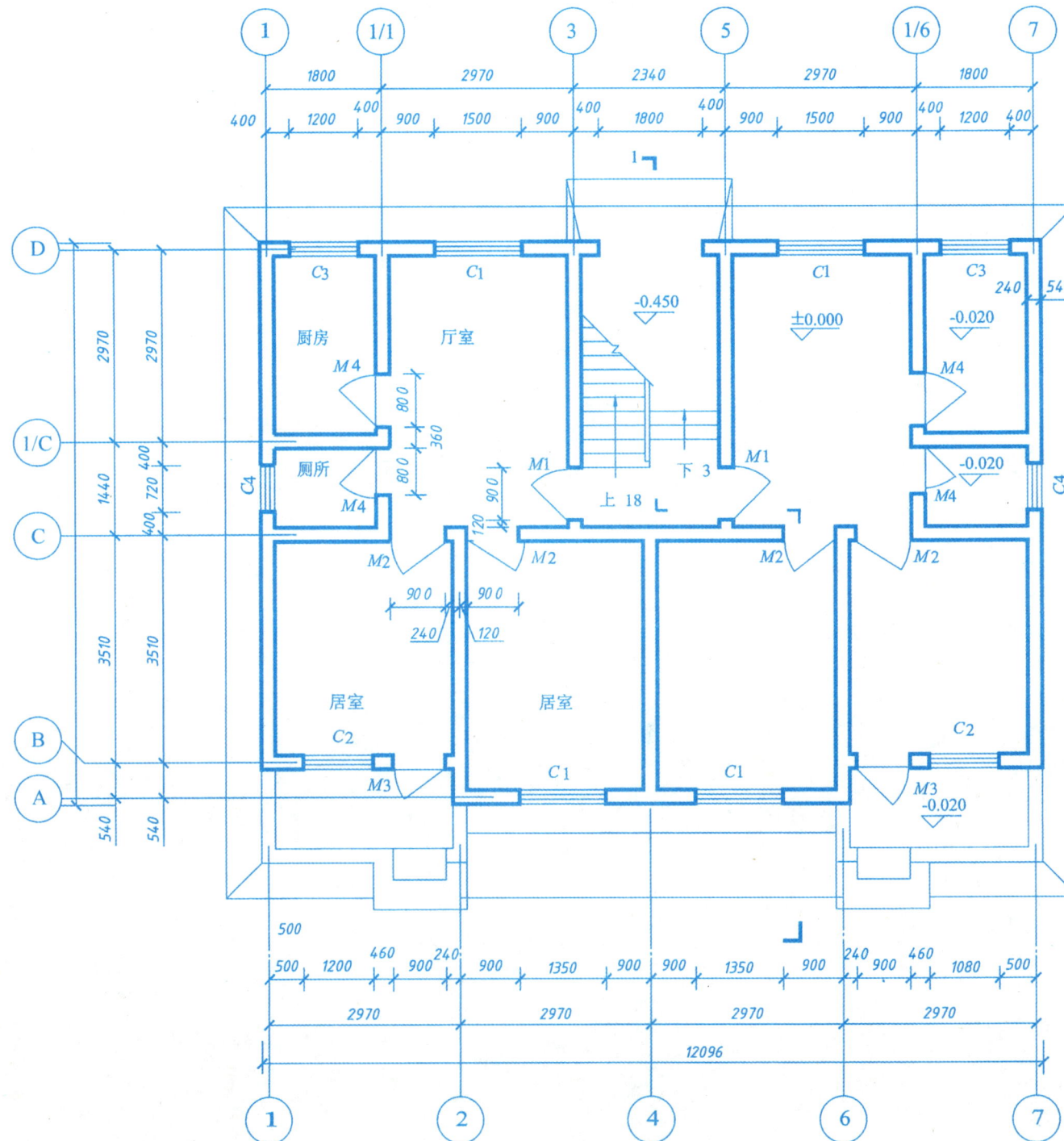

底层平面图 1:100

抄绘二层平面图,比例1:100,图幅自定。

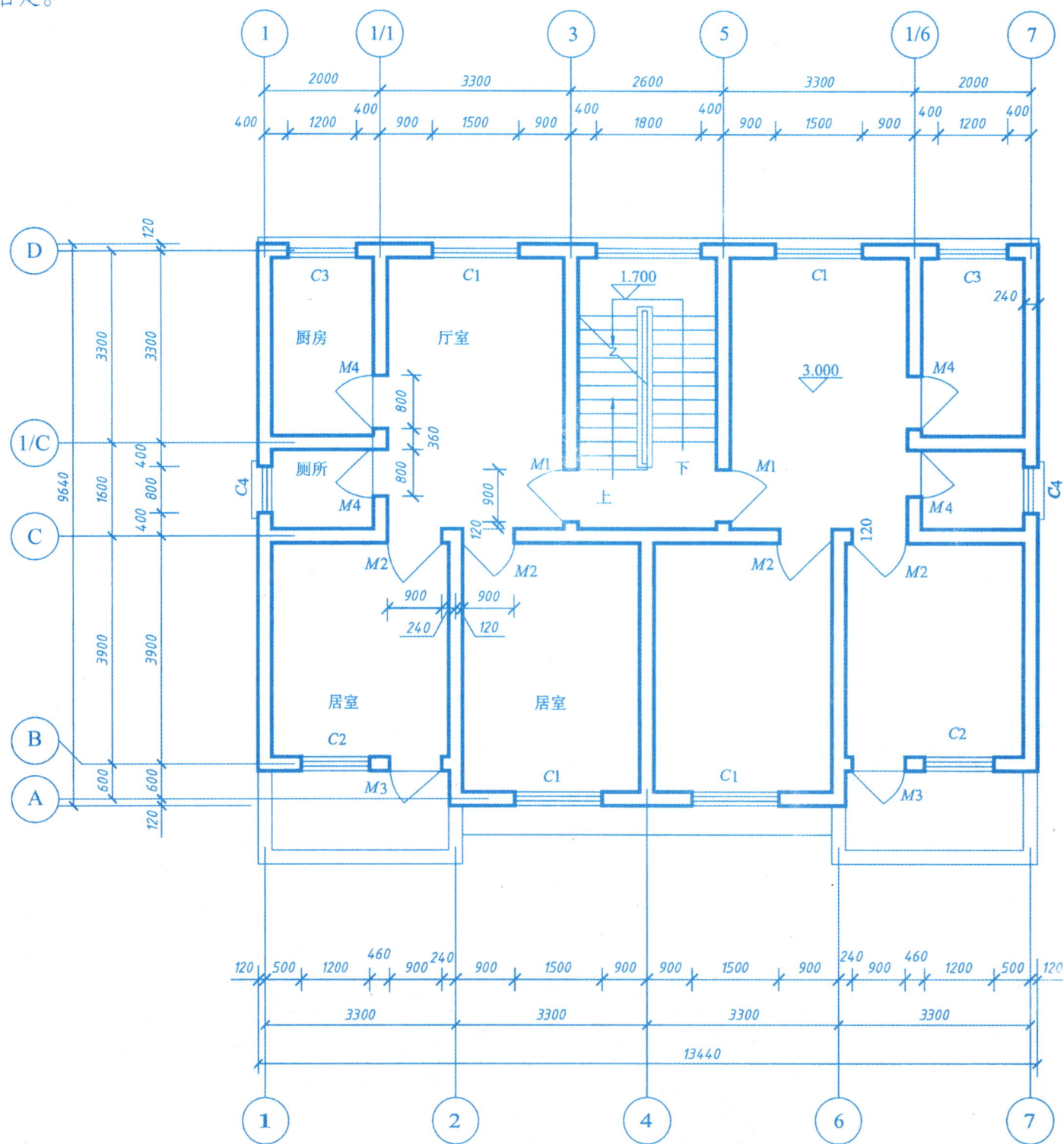

厨房
厅室
厕所
居室
居室

C3 C1 C1 C3
C4 C4
C2 C2
C1 C1
C2 C2

M4 M4 M4 M4 M4 M4
M1 M1 M1
M2 M2 M2 M2
M3 M3

1.700
3.000
下 上

二层平面图 1:100

抄绘①—⑤立面图,比例1:100,图幅自定。

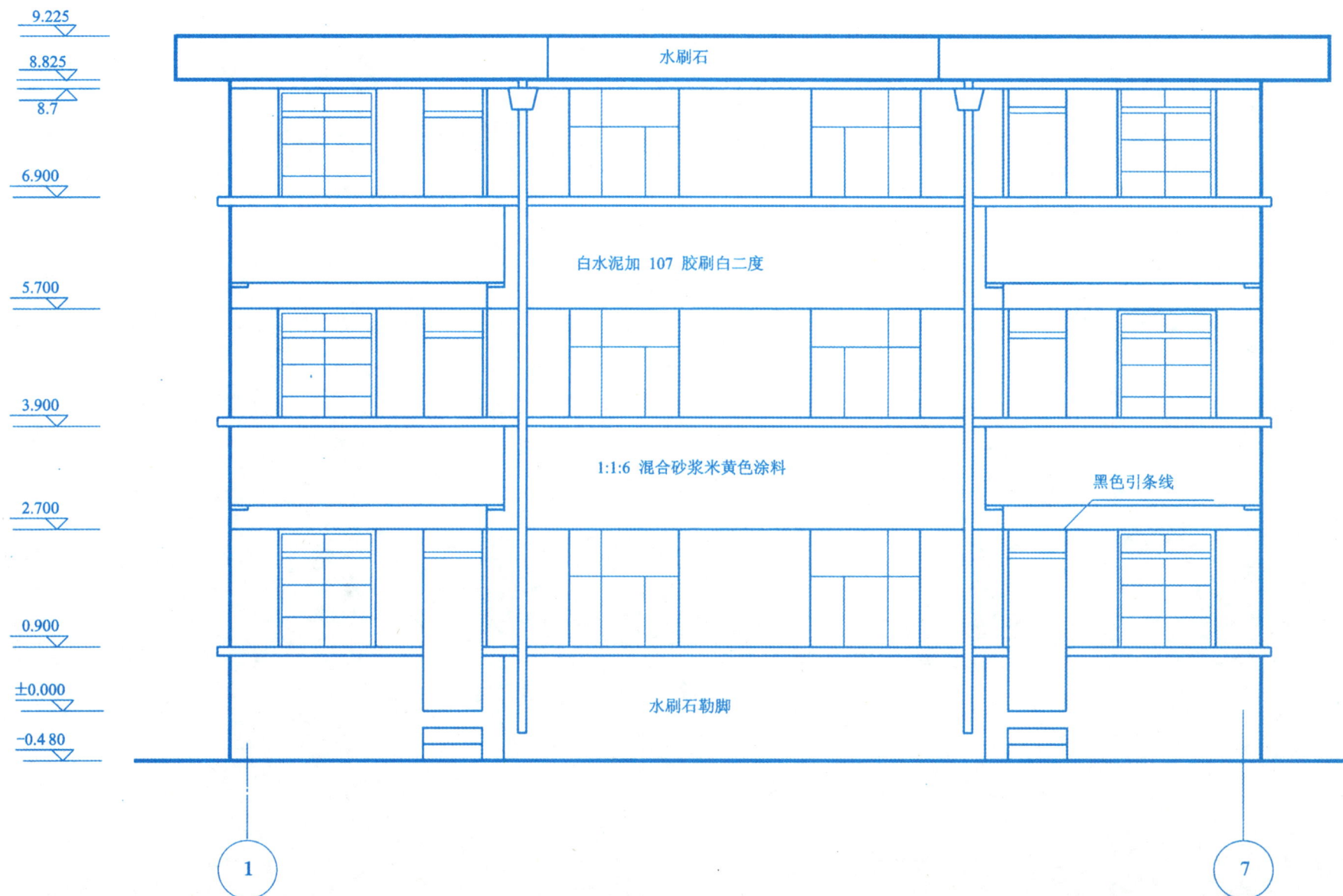

水刷石

白水泥加 107 胶刷白二度

1:1:6 混合砂浆米黄色涂料

黑色引条线

水刷石勒脚

9.225
8.825
8.7
6.900
5.700
3.900
2.700
0.900
±0.000
-0.480

①

⑦

南立面图 1:100

抄绘1—1断面图,比例1:100,图幅自定。

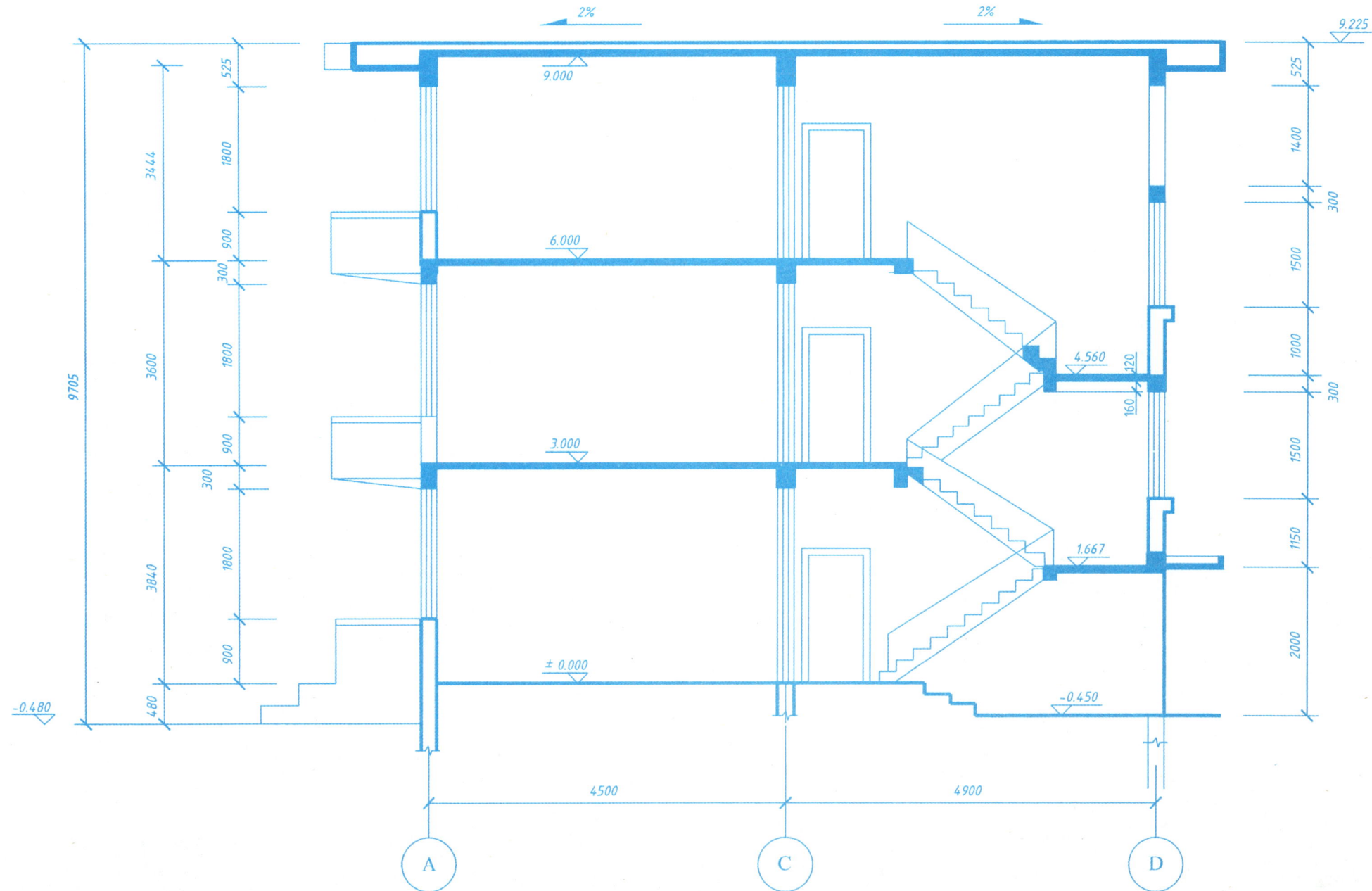

1-1剖面图 1:100

抄绘楼层结构平面图,比例1:100,图幅自定。

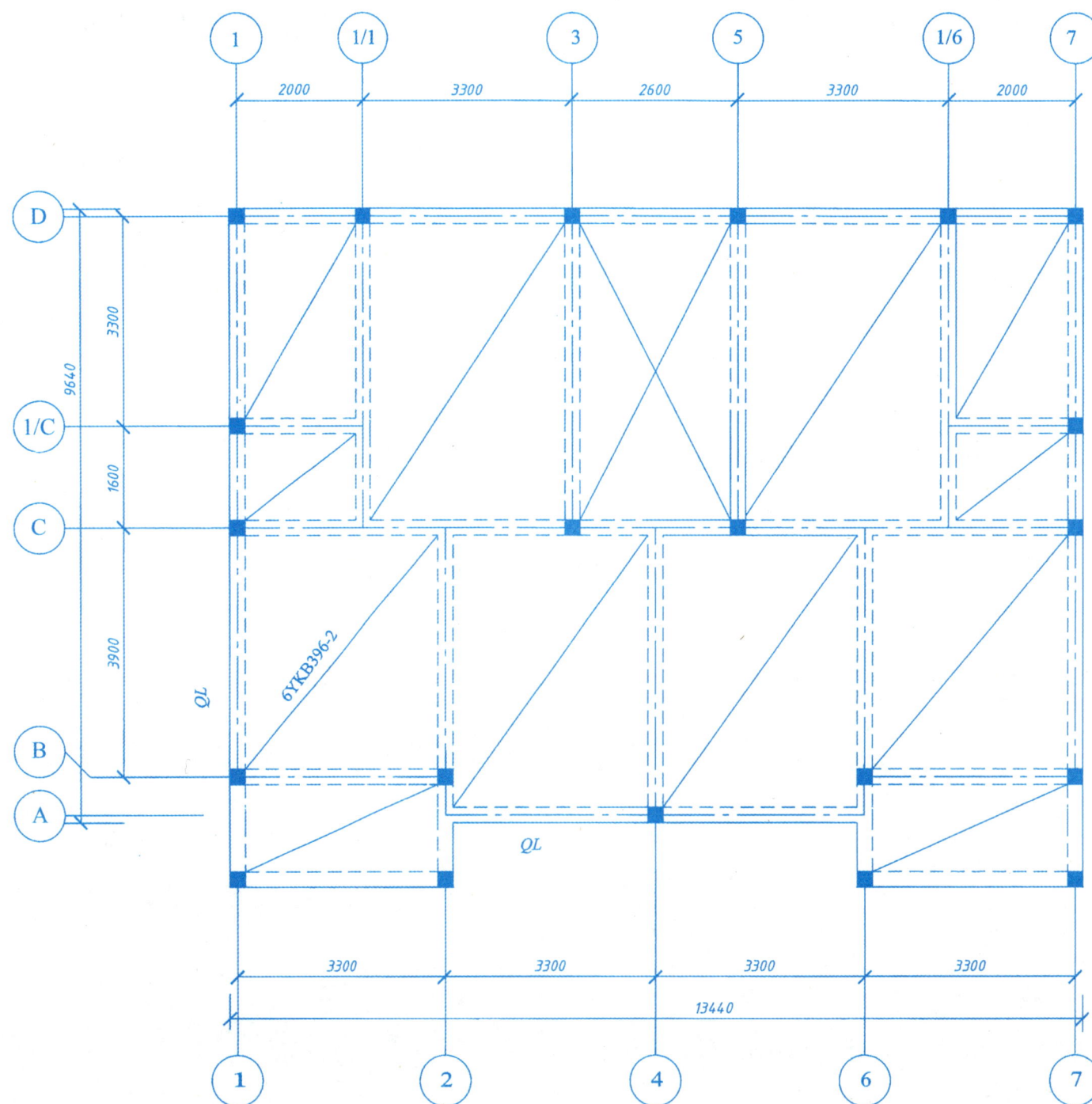

楼层结构平面图 1:100

抄绘底层给水排水平面图,比例1：100,图幅自定。

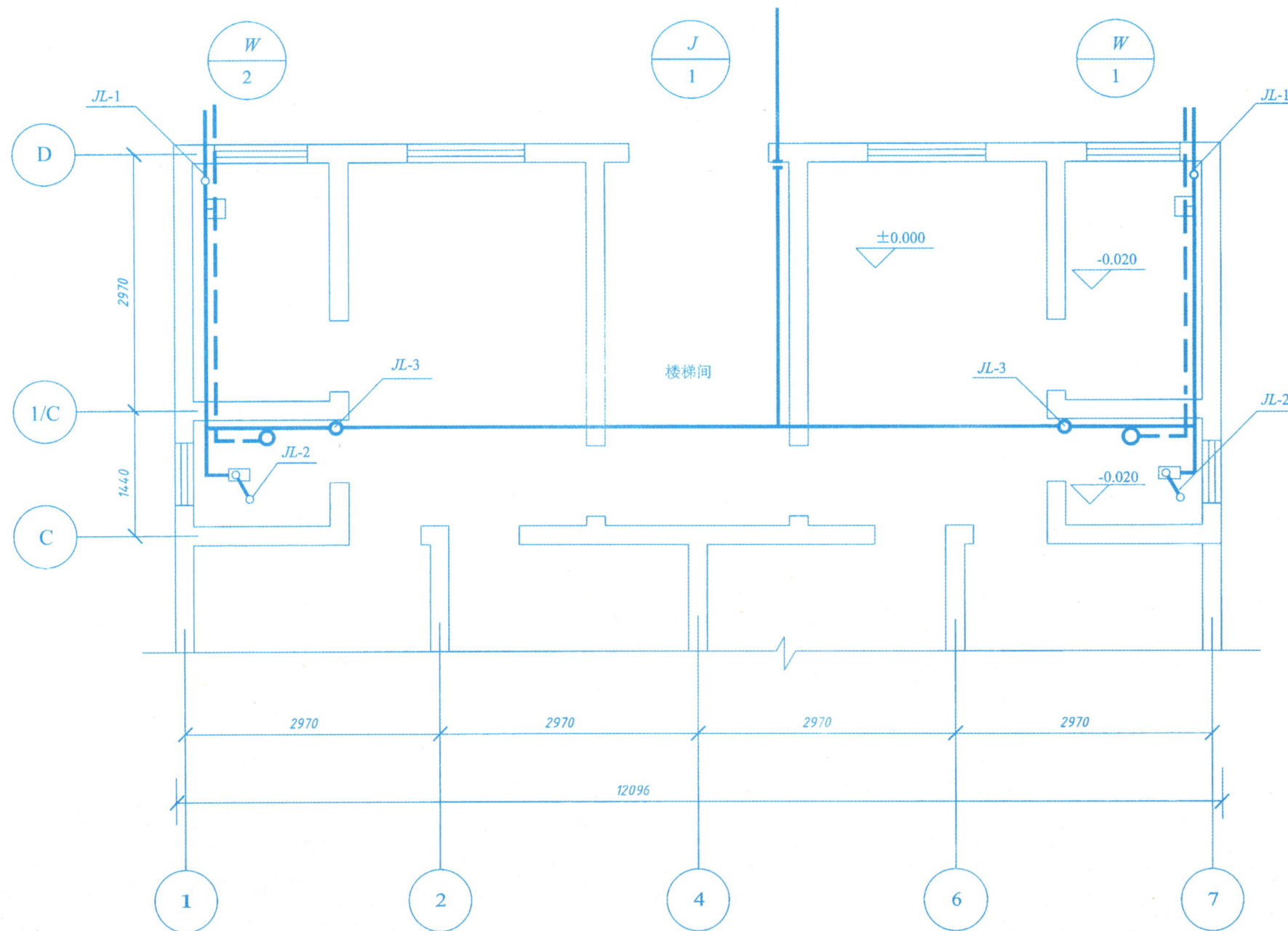

楼梯间

±0.000

-0.020

-0.020

底层给水排水平面图 1：100

1.

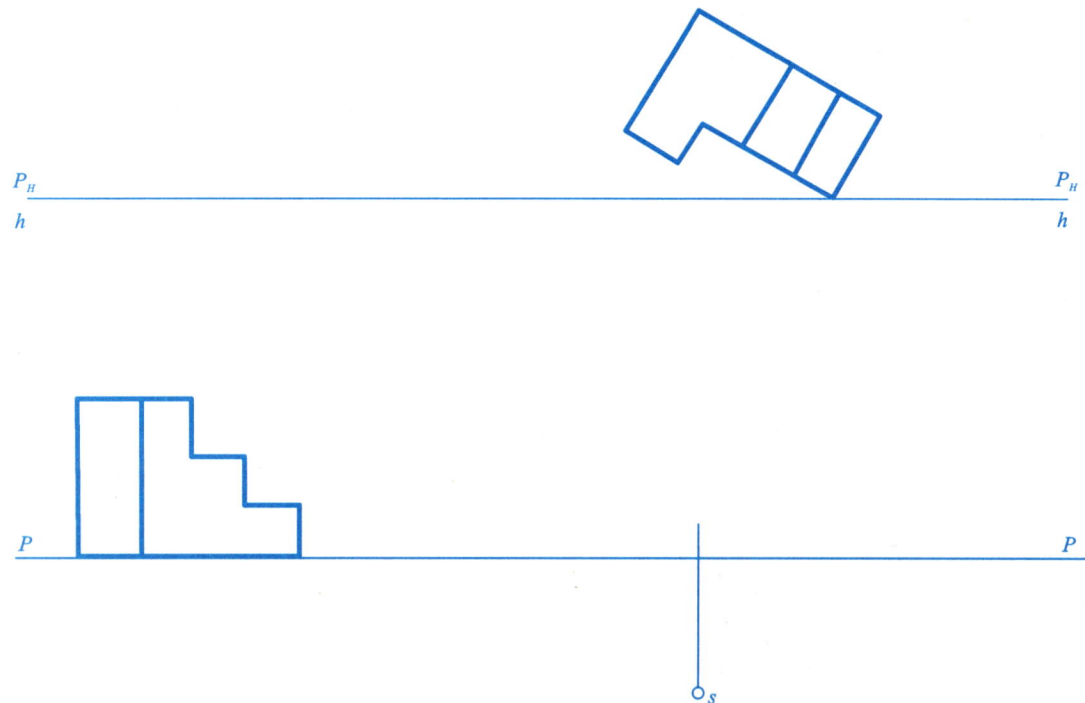

2.

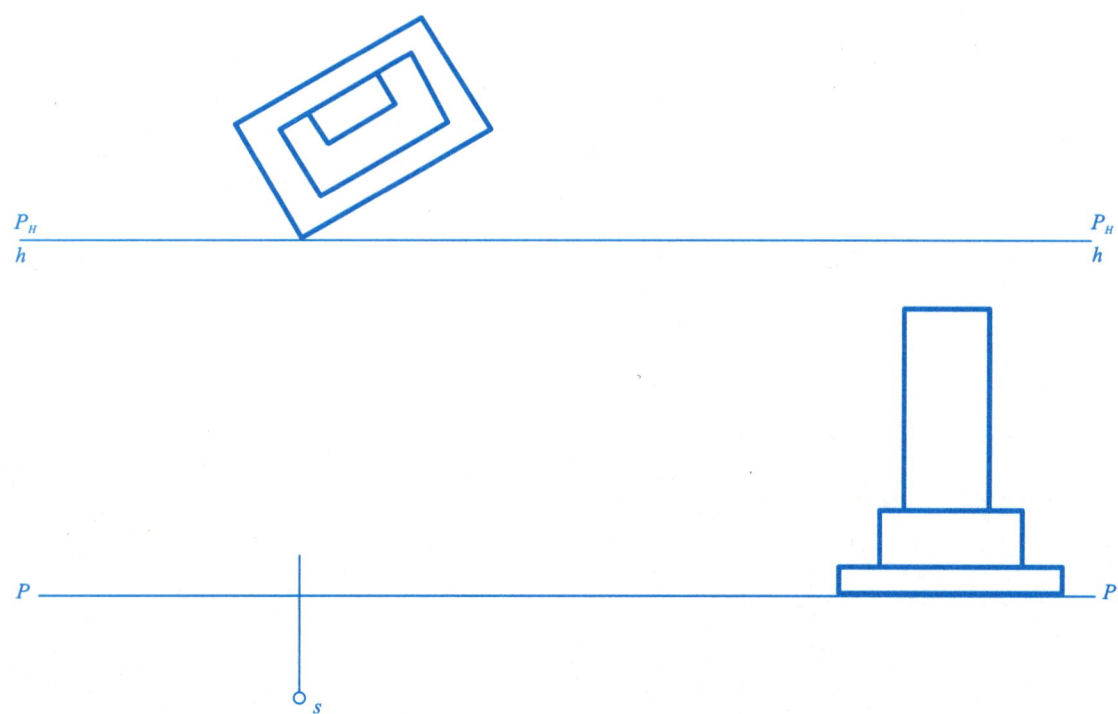

3.

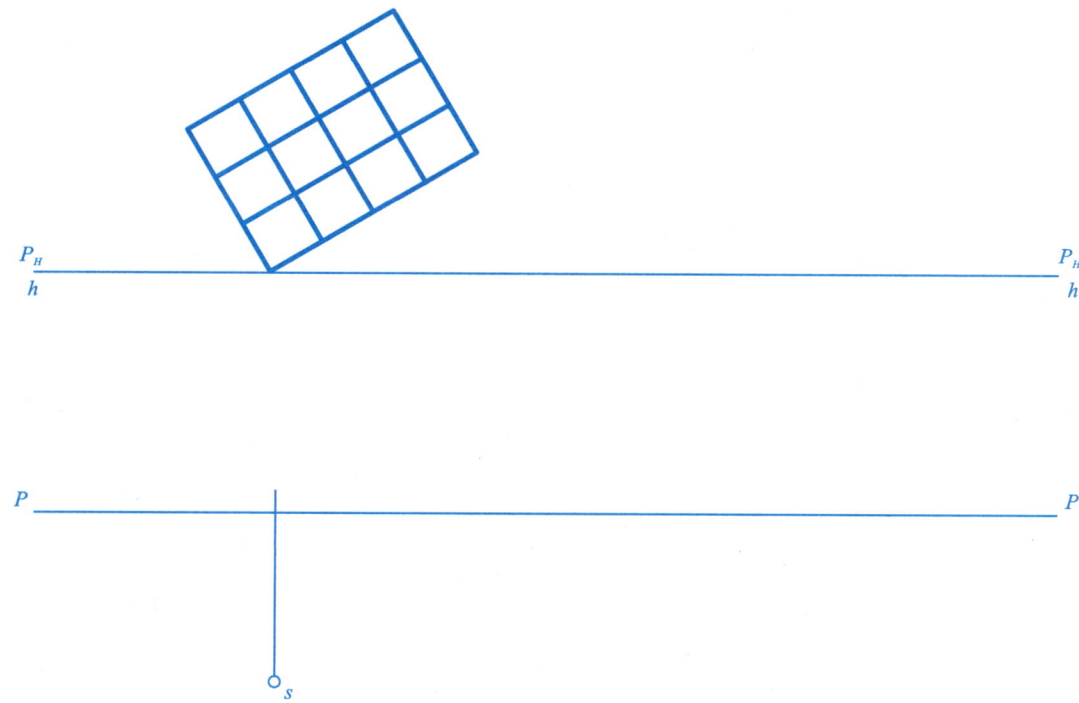

4.

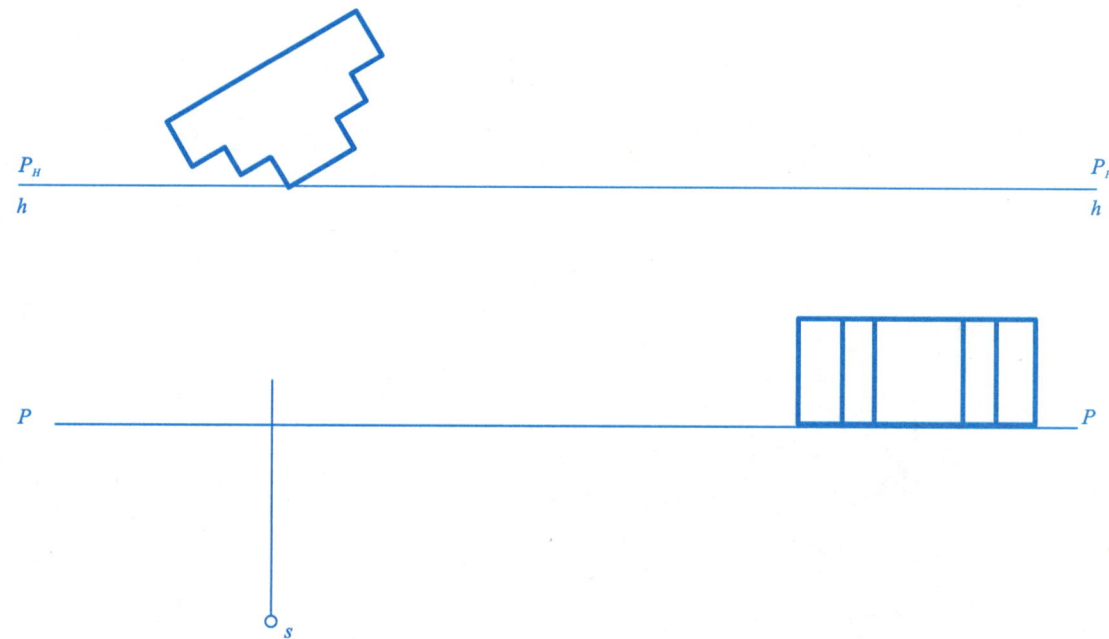

1.

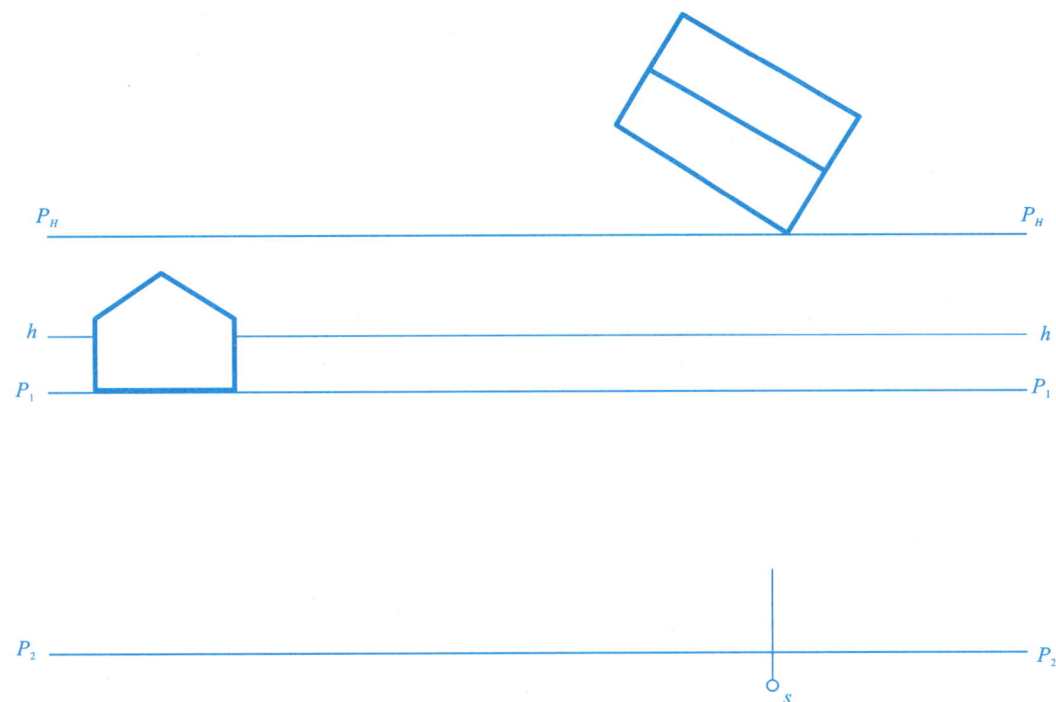

P_H P_H

h h

P_1 P_1

P_2 P_2

s

2.

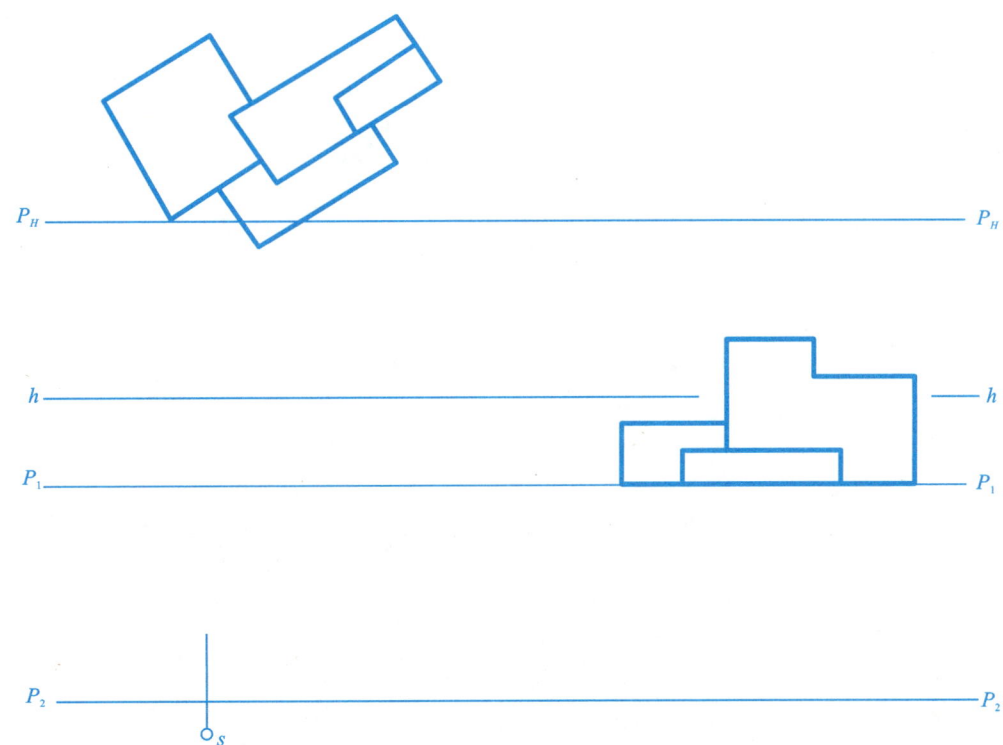

P_H P_H

h h

P_1 P_1

P_2 P_2

s

3.

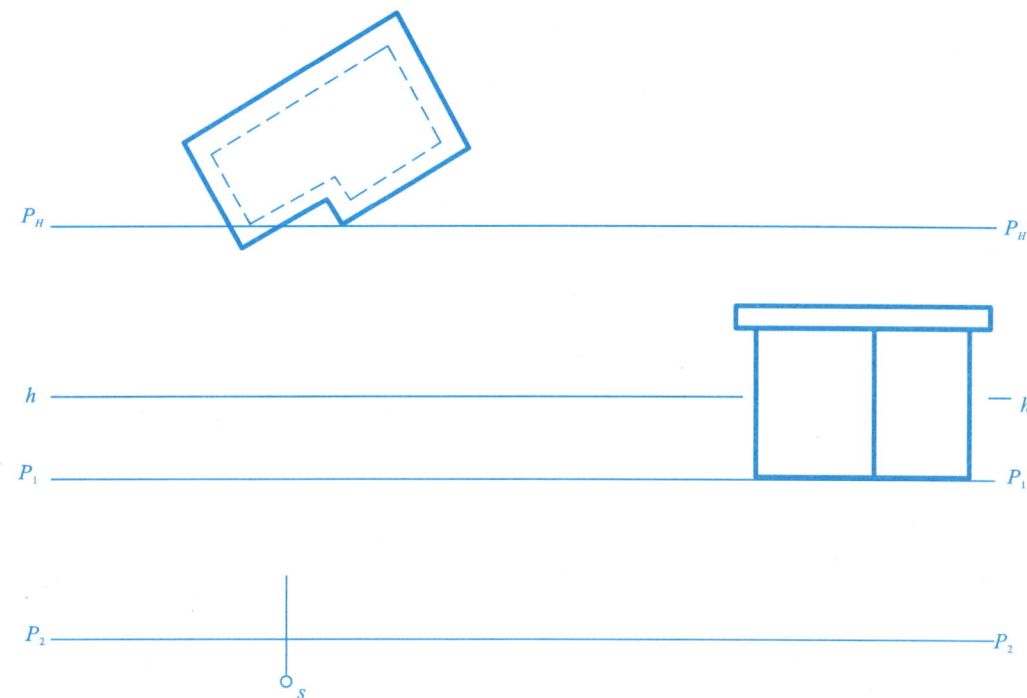

P_H P_H

h h

P_1 P_1

P_2 P_2

s

4.

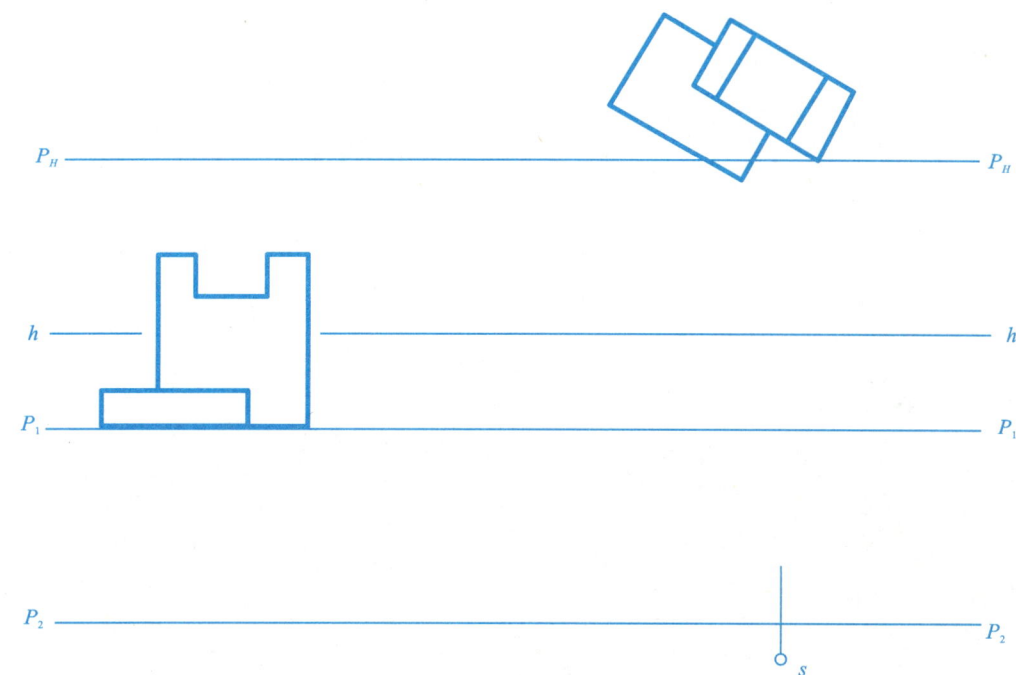

P_H P_H

h h

P_1 P_1

P_2 P_2

s

1.

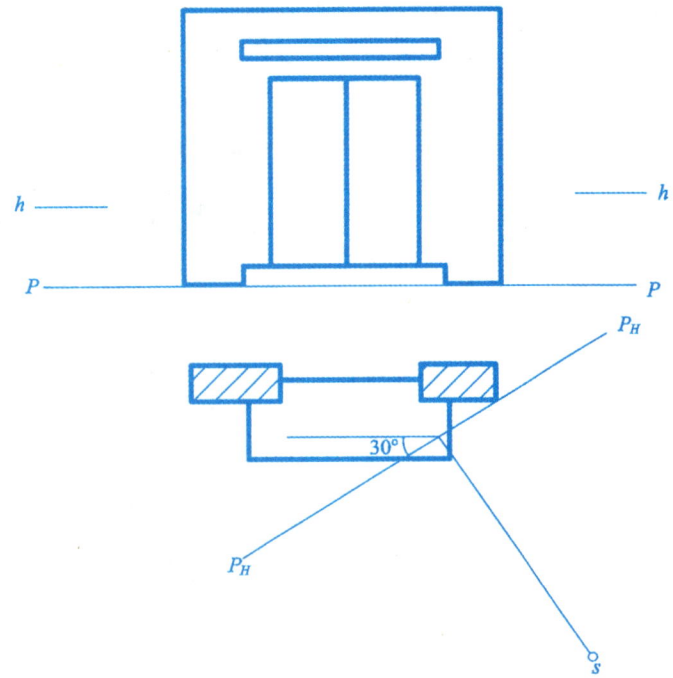

2.

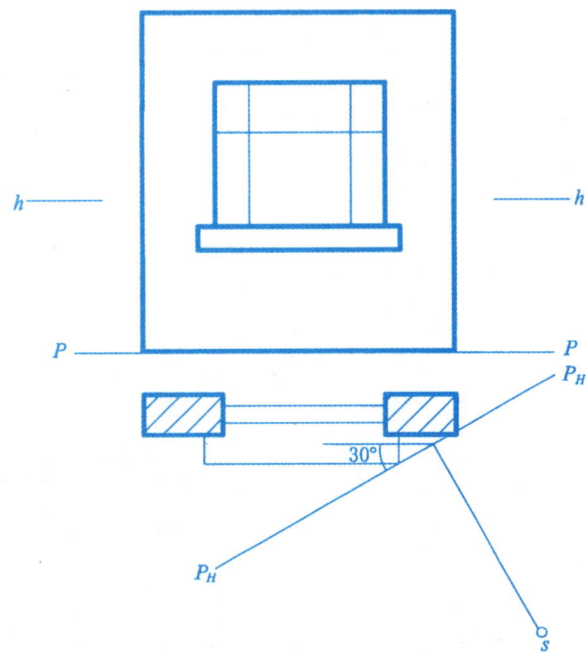

1.

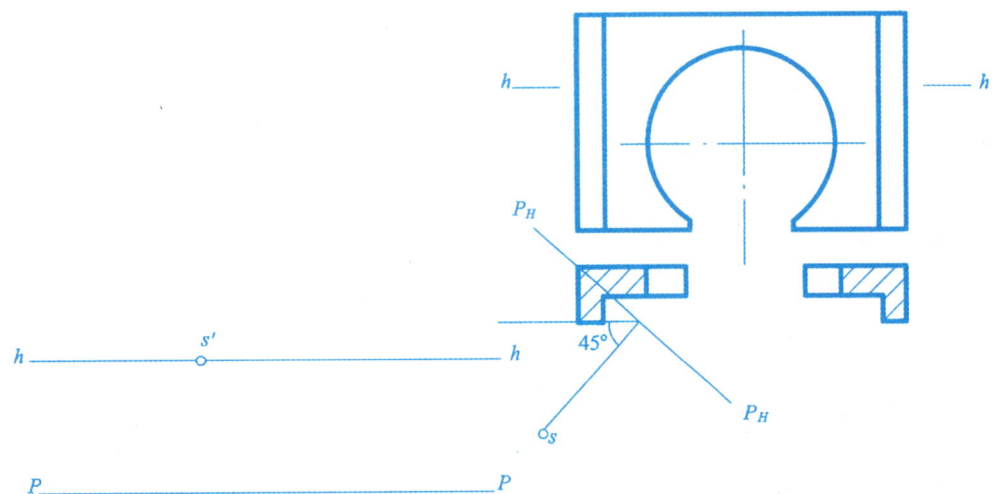

2.

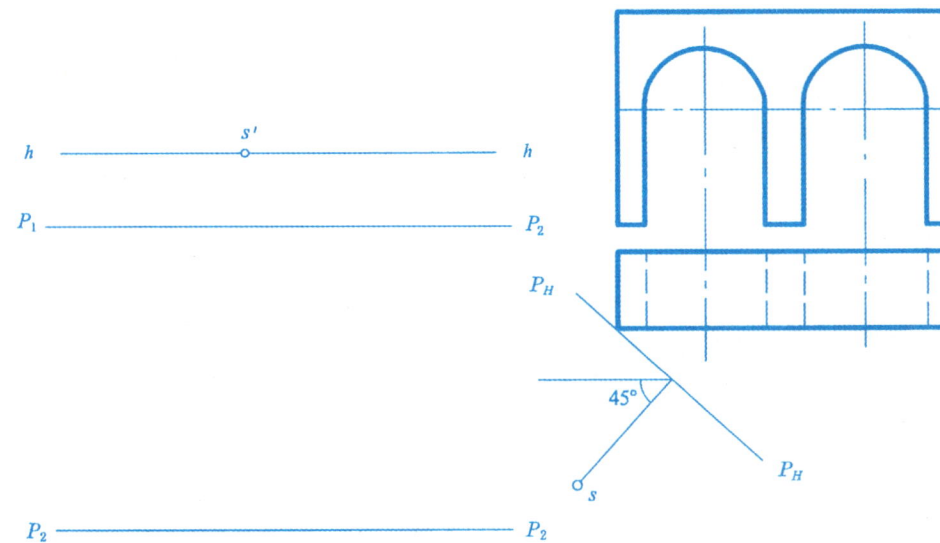

3.

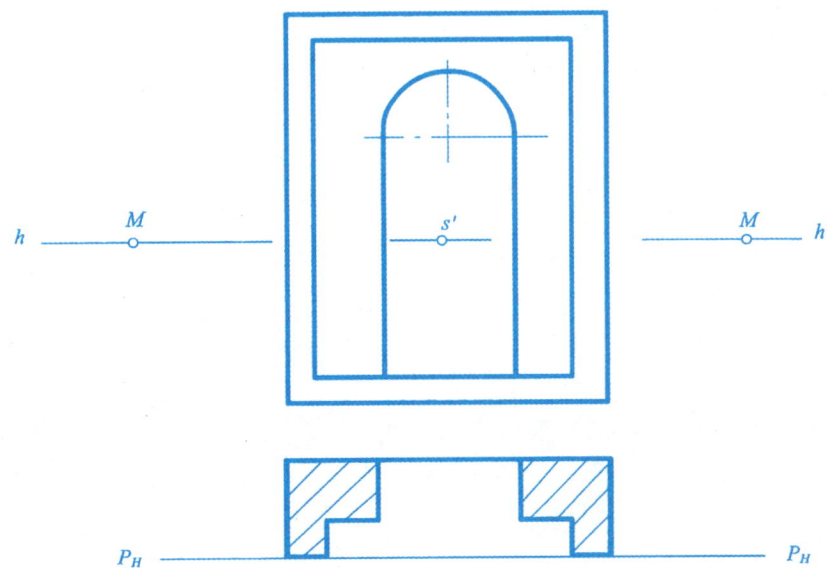

抄绘城市道路平面图,比例1:1000,图幅自定。

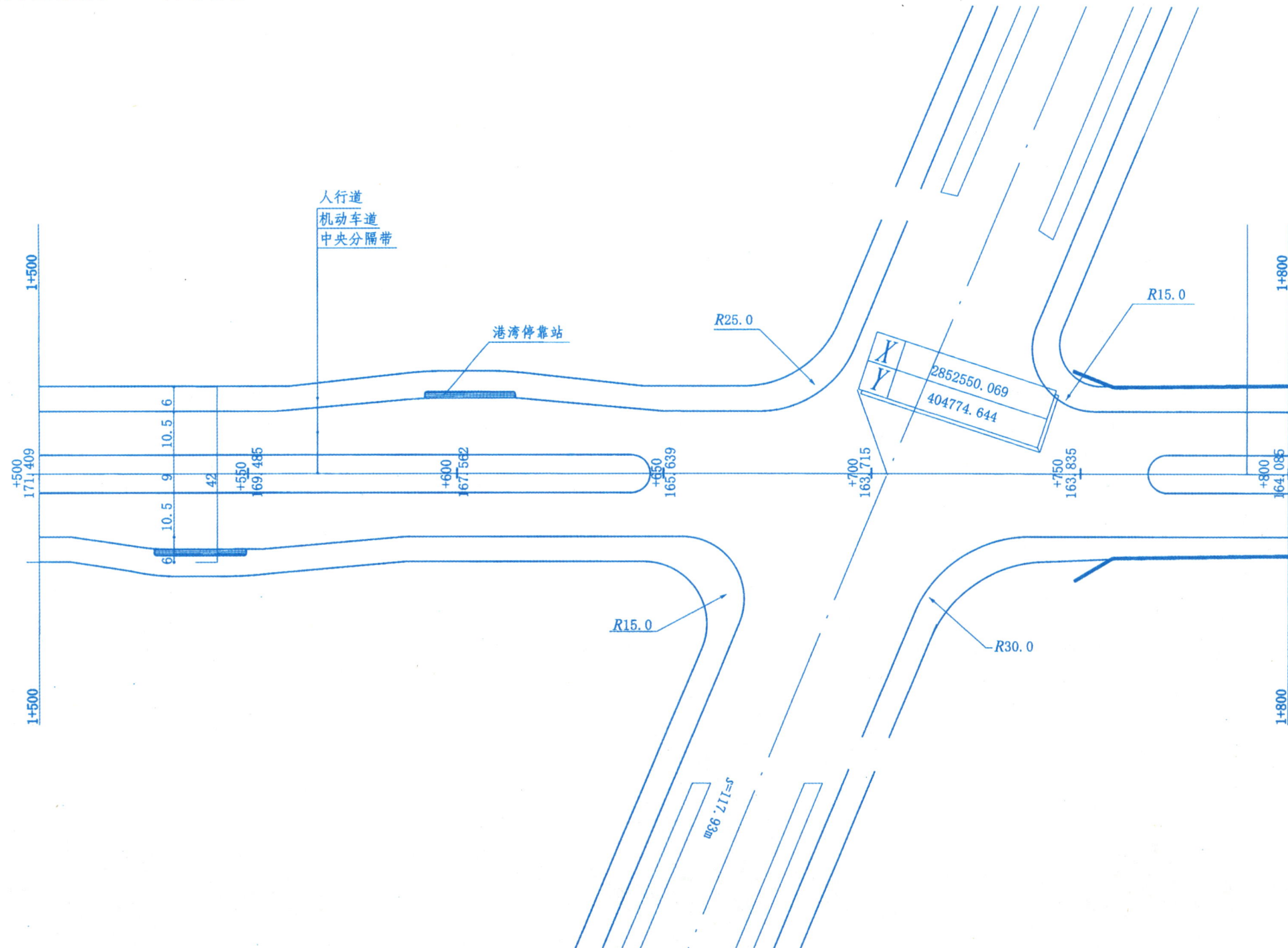

人行道
机动车道
中央分隔带

港湾停靠站

R25.0

R15.0

X 2852550.069
Y 404774.644

R15.0

R30.0

J=117.93m

1+500
171.409

+550
169.485

6 10.5 6

42

9

10.5 6

+600
167.562

+650
165.639

+700
163.715

+750
163.835

+800
164.085

道路平面图(1:1000)　　　注：图中单位为米。

标准横断面图

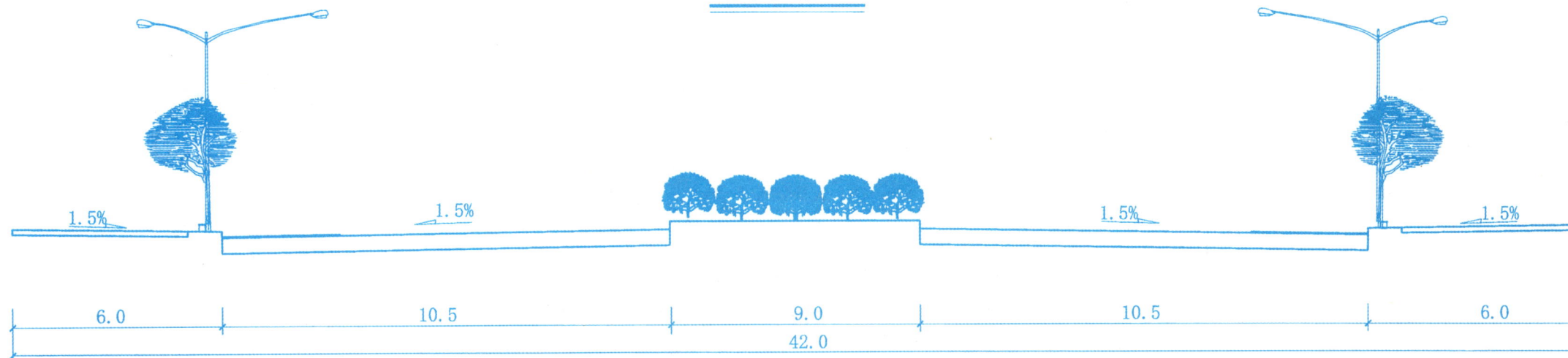

1.5%　　　1.5%　　　1.5%　　　1.5%

6.0　　　10.5　　　9.0　　　10.5　　　6.0

42.0

绿化照明平面布置示意图

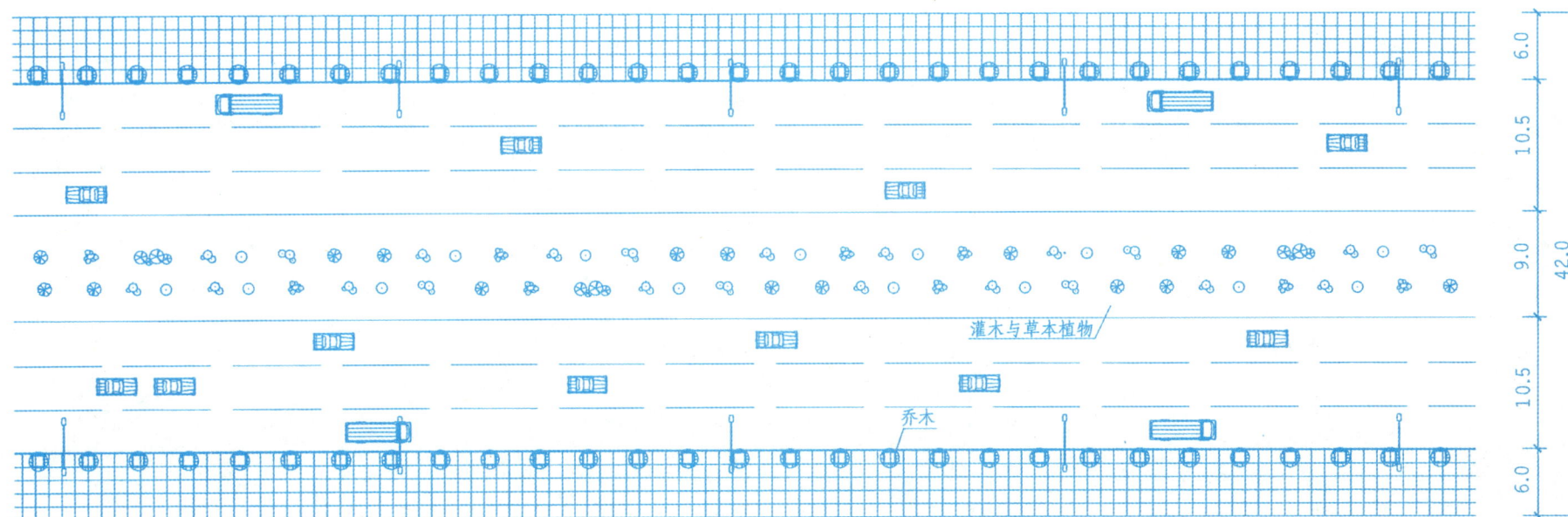

灌木与草本植物

乔木

6.0

10.5

9.0　42.0

10.5

6.0

注：本图单位以米计。

抄绘车行道混凝土路面结构图,比例1:10,图幅自定(注意各填充材料的示意画法)。

车行道混凝土路面结构图(1:10)

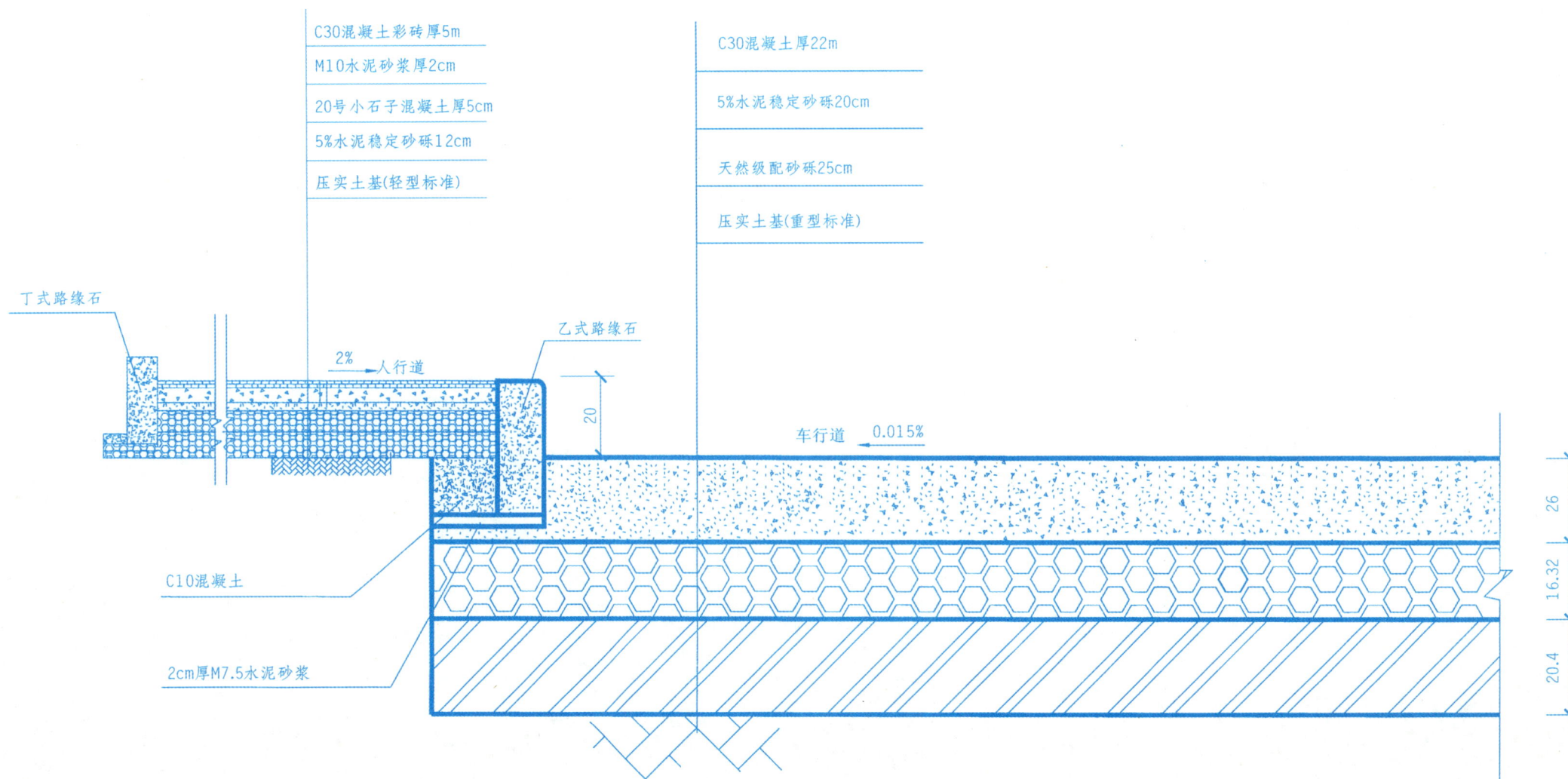

C30混凝土彩砖厚5m

M10水泥砂浆厚2cm

20号小石子混凝土厚5cm

5%水泥稳定砂砾12cm

压实土基(轻型标准)

C30混凝土厚22m

5%水泥稳定砂砾20cm

天然级配砂砾25cm

压实土基(重型标准)

丁式路缘石

乙式路缘石

2% 人行道

20

车行道 0.015%

26

16.32

20.4

C10混凝土

2cm厚M7.5水泥砂浆

注:图中单位以厘米计。

抄绘桥梁立面图,比例1:1000,图幅自定(注意桥墩基础的埋置深度及桥台的型式)。

立面(1:1000)

单位(m)

桥起点桩号 YK38+391.70

桥终点桩号 YK38+527.83

胜境关

镇宁

13613

600 4.2 2004.7+4×2023.8+2004.7 4.2 900

桥中心桩号YK38+458.265

1440
1430
1420
1410
1400

2×100
▽1418.281
0
Ⅱ

110
▽1412.500
1416.13
150
耕植土
强风化白云质灰岩
▽1401.41 1399.500
YK38+410
①

110
▽1416.200
黏土
弱风化灰岩
防风化白云质灰岩
▽1392.43
YK38+430
②

110
▽1417.14 ▽1416.100
弱风化白云质灰岩
▽1399.64
YK38+449
▽1399.700
▽1407.03
▽1408.100

110
1419.14
150
▽1416.100
弱风化灰岩
▽1414.00
▽1407.900
▽1401.04
YK38+470
③ ④

110
1421.000
碎石土
▽1408.23
▽1405.83
弱风化白云质灰岩
▽1393.03
YK38+490
▽1403.500
⑤

110
500
1420.491
50
碎石土
弱风化白云质灰岩
▽1398.06
YK38+510

1420.851
碎石土
▽1411.99
▽1407.51
弱风化灰岩
▽1401.69
防风化灰岩
▽1395.79
YK38+530
⑥

桥中心桩号YK38+458.265

Ⅰ—Ⅰ

1250
1150
50 50
10cm沥青混凝土铺排
10cm沥青混凝土桥面板
3%
125
120
193 376.8 376.8 193 测量中心线
110 110 110
220 220 220 50
100
120 120 120

Ⅱ—Ⅱ

1250
1150
50 50
10cm沥青混凝土铺装
10cm混凝土现浇桥面板
3
40
106.1 106.1
2×100
2177.0

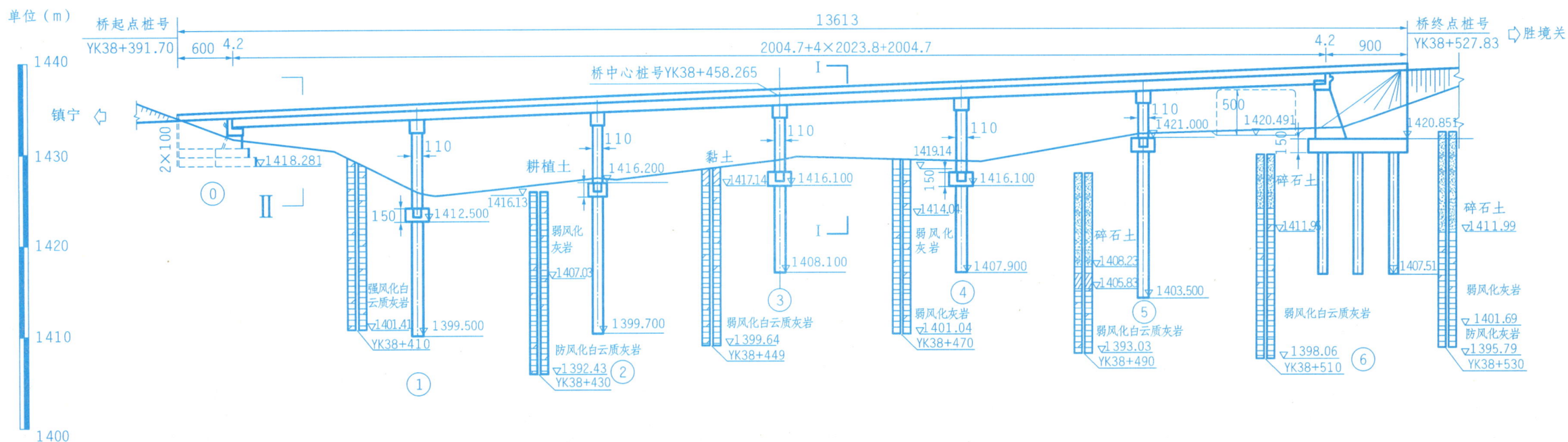

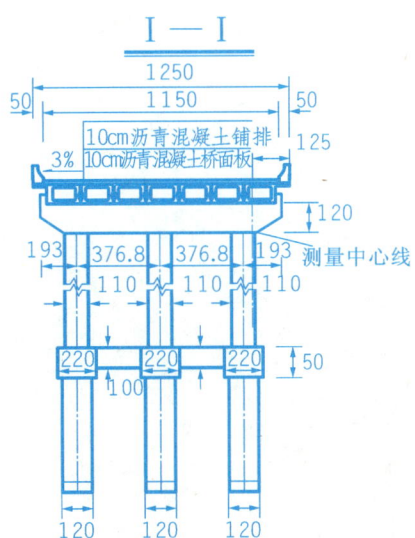

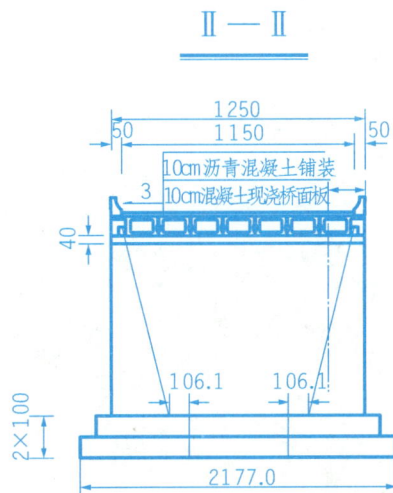

注:
1. 本图尺寸桩号高程以米计,其余均以厘米计。
2. 本桥设计荷载:汽车一超20级,挂车120。
3. 本桥平面位于R=960m的右偏平曲线上。
4. 本桥上构采用6×20m预应力混凝土宽幅空心板,先简支后结构连续。下构桥墩采用柱式墩,扩大基础、桩基础;桥台为U形桥台,扩大基础、桩基础。
5. 本桥在两桥台处设仿毛板80型伸缩缝。
6. 本桥桥台处采用GYZF.φ250×51座,桥墩处采用GYZφ275×56座。

1. 绘制边长为90的五角星。
评分标准：基本图形绘制100分。

2. 画图
评分标准：(1)基本图形绘制完整60分；
　　　　　　(2)文字、尺寸标注完整40分。

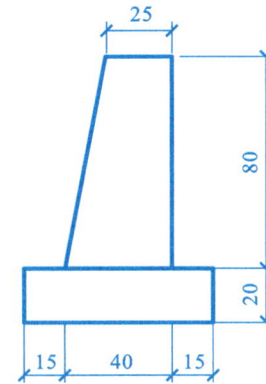

3. 利用极轴追踪绘制图中所示门栓。
评分标准：(1)基本图形绘制60分。
　　　　　　(2)角度标注准确，清晰20分。
　　　　　　(3)尺寸标注准确，清晰20分。

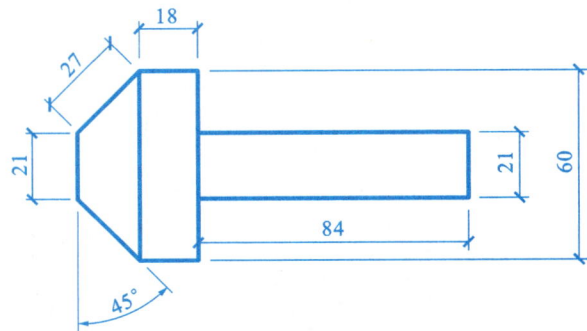

4. 利用相对极坐标、延伸、修剪绘制图形。
评分标准：(1)基本图形绘制完整60分；
　　　　　　(2)所有标注完整，清晰40分。

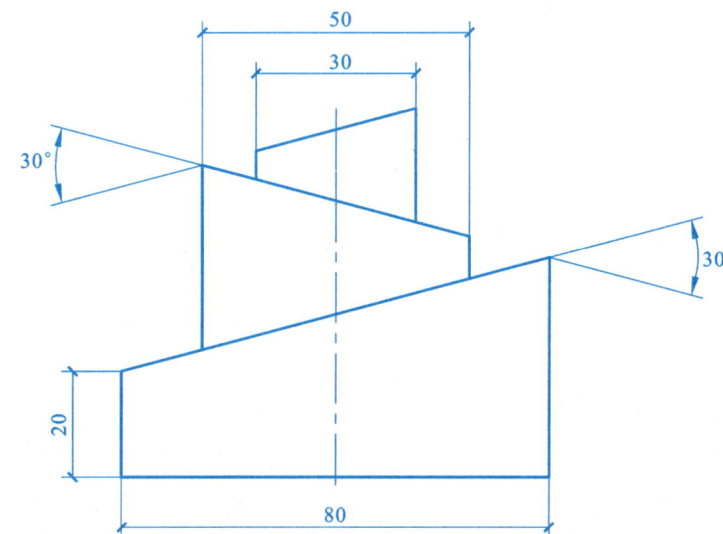

5.利用圆、点的定数等分、延伸、修剪绘制图形。
评分标准:(1)基本图形绘制完整60分;
　　　　　(2)所有标注完整,清晰40分。

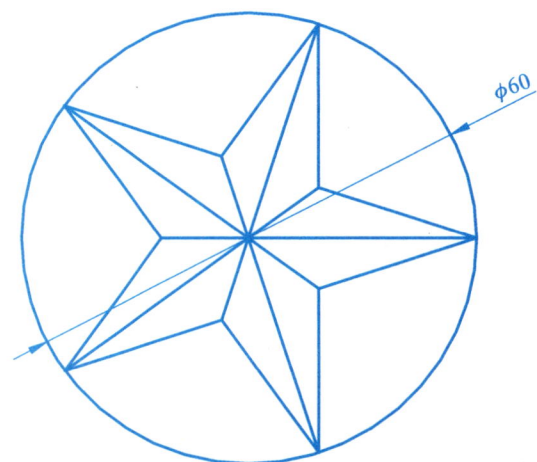

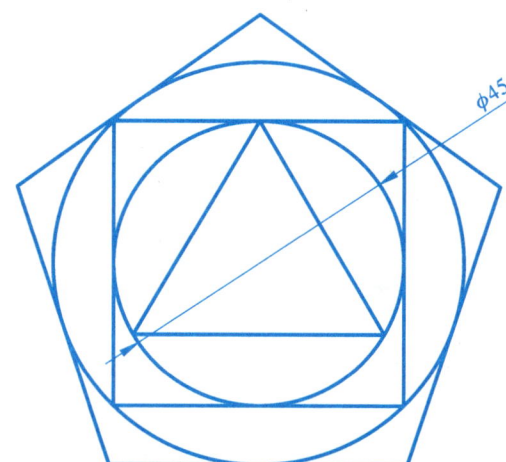

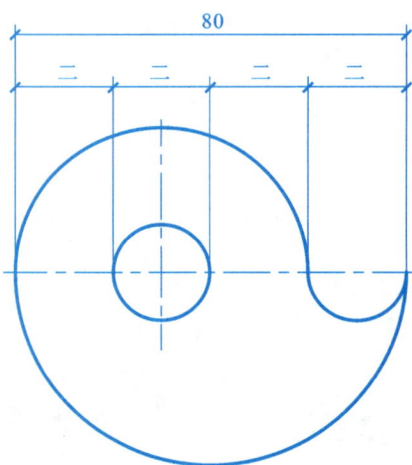

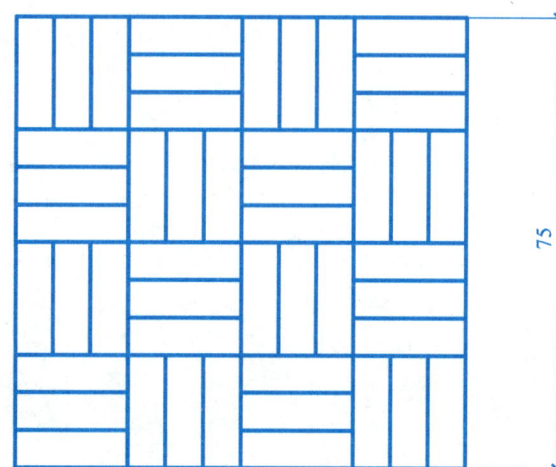

φ60

6.利用正多边形、圆绘制图形。
评分标准:(1)基本图形绘制完整60分;
　　　　　(2)所有标注完整,清晰40分。

φ45

7.利用点的定数等分、圆、多段线绘制图形。
评分标准:(1)基本图形绘制完整60分;
　　　　　(2)所有标注完整,清晰40分。

80

8.利用正方形、分解、点的定数等分、环形阵列绘制图形。
评分标准:(1)基本图形绘制完整60分;
　　　　　(2)所有标注完整,清晰40分。

75

9.利用直线、圆、修剪等命令绘制图形。

评分标准:(1)基本图形绘制完整60分;

(2)所有标注完整,清晰40分。

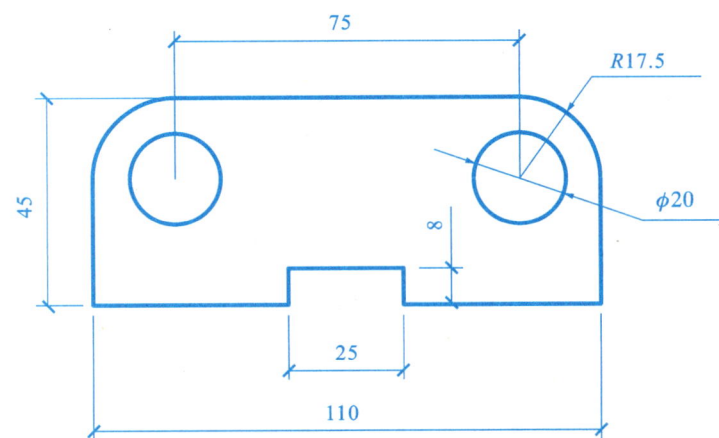

10.利用直线、圆、修剪等命令绘制图形。

评分标准:(1)基本图形绘制完整60分;

(2)所有标注完整,清晰40分。

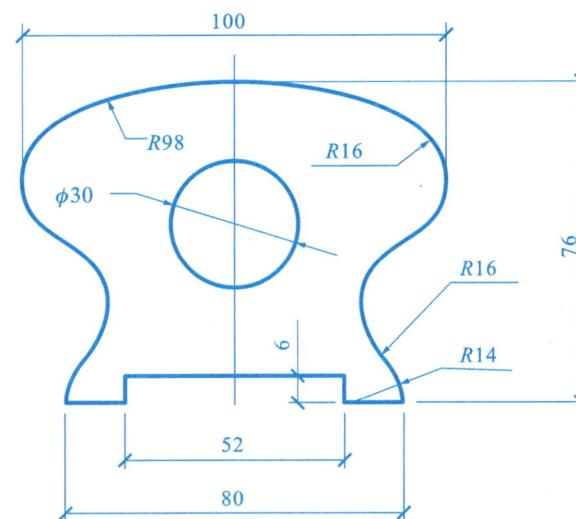

11.绘制四棱台投影图。

评分标准:(1)基本图形绘制完整60分;

(2)所有标注完整,清晰40分。

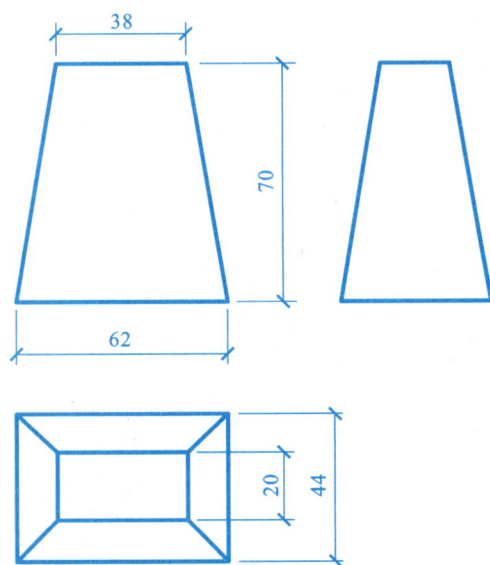

12.绘制正六棱柱投影图。

评分标准:(1)基本图形绘制完整60分;

(2)所有标注完整,清晰40分。

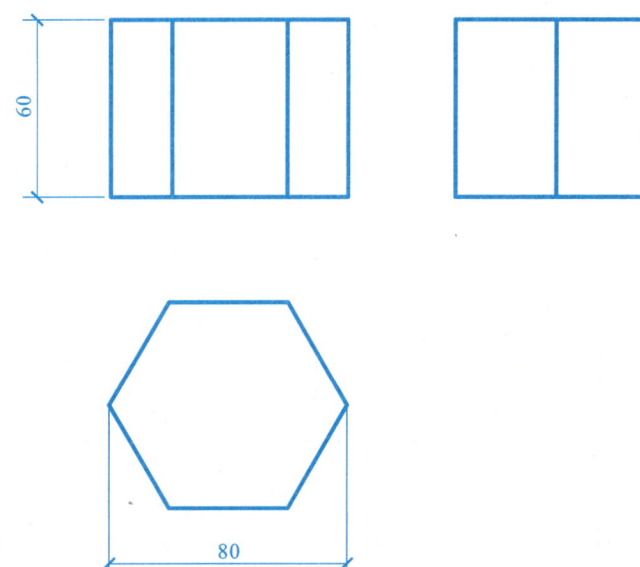

房屋建筑设计图。(利用阵列命令绘制)
评分标准:(1)基本图形绘制完整60分;
          (2)尺寸标注清晰完整40分。

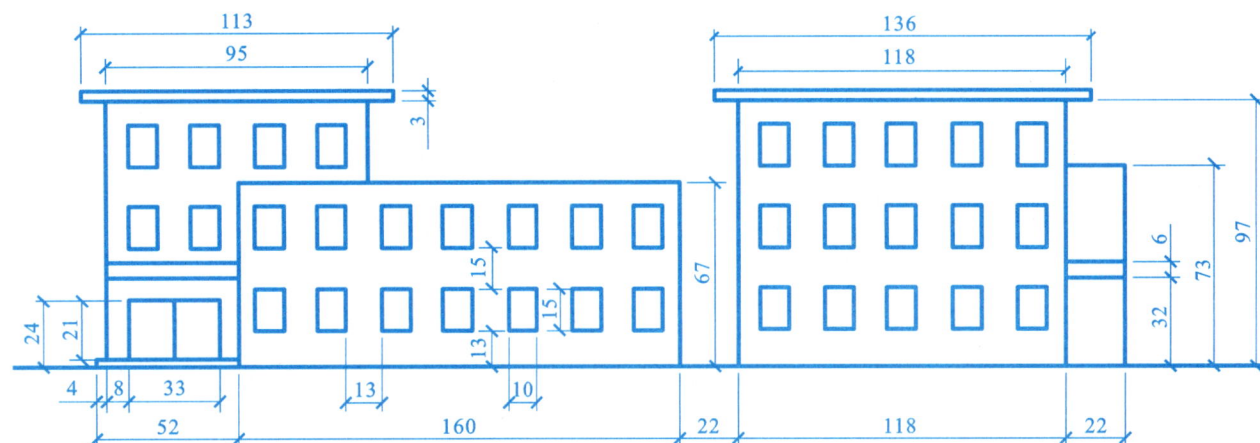

数字资源清单

[QR]	P1.1-1-1
[QR]	P2.1-2-1　P2.1-2-2 P2.1-2-3　P2.1-2-4
[QR]	P5.1-5-1　P5.1-5-2 P5.1-5-3
[QR]	P8.2-1-1　P8.2-1-2 P8.2-1-3　P8.2-1-4 P8.2-1-5　P8.2-1-6
[QR]	P9.2-2-7　P9.2-2-8 P9.2-2-9　P9.2-2-10 P9.2-2-11　P9.2-2-12
[QR]	P10.2-3-1　P10.2-3-2 P10.2-3-3　P10.2-3-4 P10.2-3-5　P10.2-3-7 P10.2-3-8　P10.2-3-9
[QR]	P11.2-4-10　P11.2-4-11 P11.2-4-12　P11.2-4-13 P11.2-4-14　P11.2-4-15 P11.2-4-16　P11.2-4-17 P11.2-4-18
[QR]	P12.2-5-1　P12.2-5-3 P12.2-5-4　P12.2-5-5 P12.2-5-6　P12.2-5-7 P12.2-5-8　P12.2-5-9
[QR]	P13.2-6-1　P13.2-6-2 P13.2-6-3　P13.2-6-4 P13.2-6-5　P13.2-6-6 P13.2-6-7　P13.2-6-8 P13.2-6-9
[QR]	P14.3-1-1　P14.3-1-2 P14.3-1-3　P14.3-1-4 P14.3-1-5　P14.3-1-6
[QR]	P15.2-5-2　P15.3-2-1 P15.3-2-2　P15.3-2-3 P15.3-2-4　P15.3-2-5 P15.3-2-6
[QR]	P16.3-3-1(1) P16.3-3-1(2) P16.3-3-1(3) P16.3-3-2 P16.3-3-3　P16.3-3-4
[QR]	P17.3-4-1　P17.3-4-2 P17.3-4-3　P17.3-4-4 P17.3-4-6
[QR]	P18.3-5-7
[QR]	P19.4-1-1　P19.4-1-2 P19.4-1-3　P19.4-1-4 P19.4-1-5　P19.4-1-6
[QR]	P20.4-2-1　P20.4-2-2 P20.4-2-3　P20.4-2-4
[QR]	P27.6-1-1　P27.6-1-2 P27.6-1-3　P27.6-1-4
[QR]	P28.6-2-1　P28.6-2-2 P28.6-2-3　P28.6-2-4
[QR]	P29.6-3-1
[QR]	P30.6-4-2　P30.6-4-3 P30.6-4-4　P30.6-4-5 P30.6-4-6
[QR]	P31.6-5-1　P31.6-5-2 P31.6-5-3　P31.6-5-4 P31.6-5-5　P31.6-5-6 P31.6-5-7　P31.6-5-8
[QR]	P32.6-6-9　P32.6-6-10 P32.6-6-11　P32.6-6-12 P32.6-6-13　P32.6-6-14 P32.6-6-15　P32.6-6-16
[QR]	P33.6-7-17　P33.6-7-18 P33.6-7-19　P33.6-7-20 P33.6-7-21　P33.6-7-23 P33.6-7-24
[QR]	P34.7-1-1　P34.7-1-2 P34.7-1-3　P34.7-1-4
[QR]	P35.7-2-1(1) P35.7-2-1(2) P35.7-2-1(3) P35.7-2-1(4) P35.7-2-2　P35.7-2-3
[QR]	P36.7-3-4 P36.7-3-5(1) P36.7-3-5(2) P36.7-3-5
[QR]	P37.7-4-1　P37.7-4-2(1) P37.7-4-2(2) P37.7-4-3(1) P37.7-4-3(2)
[QR]	P38.7-5-1　P38.7-5-2 P38.7-5-3　P38.7-5-4
[QR]	P39.7-6-1　P39.7-6-2 P39.7-6-3　P39.7-6-4
[QR]	P40.7-7-1至8
[QR]	P41.7-8-1　P41.7-8-2
[QR]	P43.8-1-1　P43.8-1-2 P43.8-1-3　P43.8-1-4
[QR]	P44.8-2-1(1) P44.8-2-1(2) P44.8-2-1(3) P44.8-2-2 P44.8-2-3
[QR]	P45.8-3-1　P45.8-3-2 P45.8-3-3
[QR]	P46.9-1-1　P46.9-1-2 P46.9-1-3　P46.9-1-4
[QR]	P47.9-2-1　P47.9-2-2
[QR]	P48.9-3-1　P48.9-3-2
[QR]	P50.9-4-一、二
[QR]	拓展题答案解析